失败学启示录

高志杰◎编著

吉林文史出版社

图书在版编目（CIP）数据

失败学启示录 / 高志杰编著. –– 长春：吉林文史
出版社，2023.5
ISBN 978–7–5472–9357–7

Ⅰ.①失… Ⅱ.①高… Ⅲ.①成功心理—通俗读物
Ⅳ.①B848.4–49

中国国家版本馆CIP数据核字(2023)第069958号

失败学启示录
SHIBAI XUE QISHI LU

编　　著	高志杰	
责任编辑	张雅婷	
封面设计	天下书装装帧设计	
出版发行	吉林文史出版社	
地　　址	长春市福祉大路5788号	
网　　址	www.jlws.com.cn	
印　　刷	三河市刚利印务有限公司	
开　　本	880mm×1230mm　1/32	
印　　张	6	
字　　数	130千	
版　　次	2023年5月第1版	
印　　次	2023年5月第1次印刷	
标准书号	ISBN 978–7–5472–9357–7	
定　　价	39.80元	

前言

以往，我们花了很多时间去研究成功者的履历和生平，试图从他们的过往中寻找某种放之四海而皆准的准则，天真地以为"只要我和成功者做一样的事情，我也能成功"。假如遭遇了失败，便会自我反思："一定是我在有些方面和成功者不一样，还必须要更加积极地向他们靠拢。"如此一来，我们的人生便成为一个做加法的"游戏"，我们无时无刻不在给自己加码——要像韩信一样懂得隐忍，还要像马斯克一样张扬；要像任正非一样居安思危，还要像韩信一样敢于置之死地而后生；要像巴菲特一样稳重，还要像索罗斯一样"善变"……

且不说这些品质是不是真的能集中到同一个人身上，即便我们真的做到了，就一定可以走向成功吗？恐怕未必。

人们有多渴望成功，就有多厌恶失败，于是大多数人"本能"地远离失败者，甚至连失败者的故事也不愿意多听，似乎是害怕沾染上"失败病"。但我们要知道，人想要做到别人做不到的事情，首先必须克服本能，去面对让自己感到恐惧的东西。所以，假如你畏惧失败，就必须先要面对失败，向失败学习，自然也应该明白，失败学是一门比成功学更值得研究的学问。

失败学的概念是 2000 年 6 月由日本科技厅提出来的。当时，东京大学的畑村洋太郎对日本社会上出现的许多失败案例进行了系统性的研读，从而使得失败学成为一门系统的学问。

失败学在日本兴起，不仅影响了日本的国家战略、企业经营思路，也成为很多人追求人生成功时需要掌握的一门学问、一种思维方式。

作为普通人，我们需要知晓一个真相：大多数成功者会极力宣扬自己的成功品质和成功经验，但是不会轻易地把他们一路走来踩到了哪些"地雷"宣之于口。这倒不是因为他们要隐瞒，而是大多数人倾向于保留带来喜悦和幸福的成功记忆，那些让人痛苦和失望的失败记忆往往会被埋在内心深处，这是人类的一种心理保护机制。所以，如果我们想要从别人的失败中学习经验，避免自己遭遇相同的失败，就要掌握失败学思维，学会系统地挖掘和分析他人的失败。《失败学启示录》一书，恰是帮助你研究失败的上佳载体，它讲述了许多知名的、不知名的失败者案例，并以失败学的方法论对这些有代表性的失败加以概括和总结，从而向你展示关于失败的"真相"。

亲爱的读者，您可以把《失败学启示录》一书，当成一本让你体验"虚拟失败"的宝典。阅读此书时，可以思考一个问题："如果我是他（典型失败者），是不是能比他做得更好？我该怎么办？"如果你能感同身受地去体会别人的失败，从别人的失败中找到避免失败的规律和方法，那么你将从本书中获取最大的财富。

目录

·第三章·

面对失败，分析失败，掌控失败

·第四章·

犯错并不丢脸，失败并不可耻

·第五章·

少听成功学，多听失败学

·第六章·

成功的经验很难复制，而失败的经验可以汲取

第一章

每一个失败，都是走向成功的垫脚石

伟大的失败和卑微的成功

人为什么会失败？很简单，因为做了对当下来讲力所不逮的"傻事"，追求了一个不容易达成的目标。在向上求索的过程中，人难免会遭遇失败。由此可知，只有那些不断挑战自己能力边界、不断追求更高境界的人才会失败，才有资格失败。

相反，安于现状、永远生活在舒适区里的人会永远成功。胜利者之所以常胜不败，只是因为他们在重复自己昨日的胜利，今日如此，明日如此，日日如此，永不向前。这两种人，一种是伟大的失败者，他们终将获得更大的成功；另一种人，是卑微的成功者，他们将在所谓的成功中一天天沉沦下去，最终走向不可避免的失败。如果我们能够参透失败学第一定律，就能够意识到，越是害怕失败的人，越是容易陷入永恒的失败中。

失败学的第一定律——失败具有哲学上的必然性。

失败是向上人生的基础态，成功则是激发态。通俗来讲，只要一个人有上进心，有突破自己的意愿和勇气，他一定会面临失败的考验。通过考验的人，才有资格享受真正的成功。即便那些天才一般的人物，也无法突破"失败学第一定律"，从古至今，世界上还未有一直向上探索而能保持不败的人物。

做投机交易的人，一定听说过一个名字——杰西·李佛摩尔。此人写的《股票大作手回忆录》，是从事这一行业的人的必读书。李佛摩尔人生中最辉煌的事迹是，他在1929年通过做空美国股市，一举赚到1亿美元。要知道，当年美国的国内生产总值才刚刚超过1000亿美元，人均可支配收入不到700美元。这一年，李佛摩尔把美国千分之一的国内生产总值攥到自己手里，如果放到今天，相当于他一年赚了209.3亿美元（美国2020年GDP为20.93万亿美元，千分之一即为209.3亿美元），他一年赚的钱相当于如今世界首富杰夫·贝佐斯身价的十分之一！

从来没有人怀疑李佛摩尔不是投机领域的天才，可纵然这样的天才人物，他的辉煌人生也同样是通过失败淬炼出来的。

李佛摩尔的父亲是农民，母亲是家庭主妇，他从小对数字极度敏感。在学校里，李佛摩尔用一年的时间完成了三年的功课，心算能力更是出类拔萃。但是由于家境贫寒，他14岁就辍学，去了波士顿一家证券公司当专门擦写黑板的工人。

对于股票交易，李佛摩尔有无师自通的强大天赋。在擦写黑板的过程中，他居然掌握了一些股票投资的小窍门，于是，他用五美金作为"启动资金"，投入股票交易中。五年之后，他的五美金就变成了一万美金。在那个美元还是"金本位"的年代里，一万美金对于普通人来讲是一笔难以获得的巨款，李佛摩尔完全可以靠着这笔钱衣食无忧。

但是李佛摩尔并不满足，他觉得在波士顿难以完全发挥自己的天赋，因此他来到了纽约。纽约是全美国甚至全世界的金融中心，李佛摩尔觉得自己一定可以在此出人头地。

事实无情地教训了这个来自乡下的小伙子。李佛摩尔来到纽约之后，还是按照自己当初的那一套方法交易股票，经过一番操作后，他的一万美金灰飞烟灭了。这个来自波士顿的年轻人，只好灰溜溜地回到了故乡。

李佛摩尔在波士顿重操旧业，他的那一套办法在老家还是很靠谱的，没用多长时间，他再次成为万元户。在波士顿，他完全可以过上富足的生活，但李佛摩尔就是不服气，决定再次回到纽约。

总结了上次失败的经验之后，李佛摩尔第二次回到纽约，的确小赚了一笔。通过购买北太平洋铁路公司的股票，他的一万美元变成了五万美元。正当李佛摩尔认为自己已经"降服"了纽约金融市场，准备大展身手的时候，他投资的股票全部大跌，李佛摩尔再次破产。

此后六年，李佛摩尔沉下心来，在纽约股票市场不断摸爬滚打，在一次次失败中积累经验，终于找到在纽约从事投机的窍门，他的个人资产开始一点点攀升。

1906年，李佛摩尔观察到各大银行正在不断收紧银根和信贷，他意识到，股票要从大牛市变成大熊市。于是，他抓住机会做空股票市场。而没过多久，美国股市就迎来了大崩盘。李佛摩尔通过做空美国股票，在一天时间内就赚了一百万美元。

正在李佛摩尔大举做空股市的时候，美国金融界的传奇人物摩根找到他，请求他停止做空。由于摩根在美国金融界是偶像般的存在，所以李佛摩尔出于对他的尊重，答应了他的请求，反手做多股市。其他投资者见李佛摩尔开始做多，便也纷纷跟进，美国股市终于止住颓势，李佛摩尔也因此成为华尔街的英雄。

此时的李佛摩尔已经是美国股票界的大人物，但是他这个人似乎天生有"反骨"——通过股票赚到大钱之后，他又开始不满足，琢磨着进军期货市场。他从前很少涉足期货，所以刚刚接触期货的那两年，赔得一塌糊涂，不仅"败光"了自己的身家，还欠下了100万美元的债务。

李佛摩尔又一次陷入失败的泥沼中，这次巨大的失败好好给他上了一课，让他学会了"投资须谨慎"的真理。带着这种心态，他回到股票市场稳扎稳打，逐渐赚回身家。时间来到1929年。这一年，李佛摩尔敏锐地捕捉到金融市场的异动，判断出美国股市将迎来一次前所未有的大跌，他再次出手做空美国股市。于是，在几乎所有人赔得倾家荡产之时，李佛摩尔赚了个盆满钵满，成为拥有亿万身家的传奇投机者。

综观李佛摩尔的一生，即便他是投机领域无与伦比的天才，失败也依然是他生命中的重头戏。虽然李佛摩尔总是在失败，却没有人因此将他视作失败者，因为他总能在失败中积蓄崛起的力量。事实上，李佛摩尔的每一次失败，正是下一次成功的起点。

如果李佛摩尔稍有安于现状的念头，这世界上就多了一个波士顿万元户，少了一个华尔街传奇投机人。还是那句话，大成功源自大失败，你现在能从多深的深谷中爬出来，将来就能站在多高的山上。如果你只挑平坦的路去走，就永远不可能到达别人没有到过的地方。

我们可以把失败想象成一片海，成功则是散布在苍茫大海上的岛。站在岸边不下海，无疑是最安全的，但永远不可能找到成功岛。唯有下海搏骇浪、击惊涛，才可能远渡重洋抵达成功岛。

站在岸边不敢下海的人，喃喃自语："与那些消失在大海深处的可怜人比起来，我才是最安全也最成功的人。"可是在弄潮儿眼中，那些连失败都不敢面对的懦夫，又怎么有资格谈论成功呢？

最终，潮起潮落，时光不再，那些始终在岸边徘徊的人，会看到远方成功岛上传来的耀眼的光，听到岛上发出的震天的响声，他们才开始憧憬大海深处的未知世界。可是，这些人已经衰老，最能奋不顾身与命运搏击的时间已经错过，这些"卑微的、永恒的成功者"，只能留下一声叹息。

世上没有"中等人"

世界是残酷的，这句话估计没有人会反对，但世界为什么残酷呢？其中的道理很少有人知道。其实，我们只要搞明白失败学第二定律，自然能找到答案。

失败学第二定律——人类社会存在结构性失败。

什么叫人类社会的结构性失败？可以通过一组数据窥见端倪——据统计，2019 年，世界上前 500 名富豪的净资产增加了 25%，约合 6 万亿美金，而剩下的 60 亿人，资产增加的总量低于 6 万亿。换句话说，世界上 60 亿人的赚钱能力加起来都比不上最富有的那 500 个人。

这不是最残酷的，更加残酷的事实是，如果不加以管控的话，全世界所有的财富最终都会落到少数人手中，而剩下的人只能沦为彻彻底底的无产者，也就是经济学意义上的失败者，这便是失败学第二定律指出的"结构性失败"。结构性失败告诉我们一个真理——世界上只有两种人：一种人正在走向成功，另一种人将在失败中沉沦。

这绝不是危言耸听，而是马太效应在人类社会中的体现。所谓马太效应，来自《圣经》中的一句话：凡有的，还要加倍给他，让他多余；凡没有的，连他现在所有的也要夺过来。

传说，马太是一个国王。一天，他突发奇想，要到世界各地去看一看。临走之前，他把自己所有的财产交给三个大臣去管理，并且告诉他们可以自由支配这笔财富。

一年之后，马太旅行归来，他把三个大臣叫到身边，询问他们财富的管理情况。

第一个大臣汇报说：你交给我的财富，我用来做风险投资，虽然风险很大，但是收益也很高，现在这笔财富已经翻了十倍。

第二个大臣汇报说：你交给我的财富，我也去做了投资，但是只赚了五倍。

第三个大臣汇报说：您交给我的财富，我出于安全考虑，把它们放到一个非常安全的地方，现在可以全额交给您。

马太听了他们三个人的话之后，罢免了第三个大臣，并且让他把所有财富都交给第一个大臣管理，同时说出了那句名言：凡有的，还要加倍给他，让他多余；凡没有的，连他现在所有的也要夺过来。

马太效应告诉了我们一个深刻而残酷的社会现实：您比别人多，别人就给您更多；您比别人少，抱歉，少的这部分也给您拿走。这就是强者愈强，弱者愈弱。

失败学第二定律及马太效应的存在，打破了很多中等人的美梦。中等人的特点是，他们既不愿意为了追求成功而冒风险、下功夫，也不愿意承认自己是个失败者。这些人渴望成功，但却不愿意承担追求成功所必须要冒的风险，于是他们干脆"积极"地原地踏步，看起来忙忙碌碌，实际上不思进取，最终目标是"即便我不成功，最起码也不至于失败"。

但是现实并不会让他如愿，因为存在失败学第二定律，这些不追求成功的人，最终有一天会成为失败者。其中的道理是：世界上存在两群人，一群是创造财富的人，另一群是分配财富的人；掌握财富分配权力的人，往往倾向于让财富流向与自己相关的领域，所以创造财富的速度虽快，但往往跟不上财富流动的速度。所以，那些中等人以为自己只要足够积极、勤劳，努力创造更多的财富，自己就会越来越成功，这实际上是在做白日梦，因为如果你不思进取、不追求更大的成功，在分配财富的时候，你的话语权就很有限，辛辛苦苦创造的财富，最终会有大部分流到那些拥有财富分配权的成功者手中。或许你的财富会因你的努力而缓慢增长，但是成功者的财富却会因你的努力而飞速增长，你和他比起来，就会越来越失败。

所以，作为被失败学第二定律笼罩的一分子，你应该明白一个真理——这世界上最可怕的事情不是失败，因为大多数人终归是要失败的；可怕的是因为害怕失败而不敢追求成功，因为这意味着你失去了唯一一个走出命运诅咒的机会。也就是说，如果你不去抗争，不去冒着失败的风险勇往直前，失败就会成为你的宿命。你最终的结果并不会比那些虽极力争取但最终失败的人好多少，与那些成功者相比，你将失去可比性。

现在，你应该知道人为什么要有向上精神了吧。因为若你不向上，便只能向下。为了不断向上，你不应该因为害怕眼前的失败而放弃任何机会，而应该告诉自己：失败没什么大不了，万一成功了呢？这便是我们能够从失败学第二定律中获得的最大启示。

王鑫如今是别人眼中的"成功人士"，但是他刚刚毕业参加工作的时候，却是最不被主管看好的那个人。

那个时候，王鑫在一家教育培训机构做销售，由于主管觉得他不具备很强的能力，所以对他不冷不热，那些优质的客户资源自然也到不了他手里，这导致他的业绩始终难有突破。

当时，公司董事长对员工提出了一个要求：每个员工每个月都要写一篇工作总结，直接发到董事长邮箱。一开始的时候，所有员工都很认真地写总结，因为这毕竟是难得的与公司高层"直接对话"的机会，大家都很珍惜。

但是过了几个月，大家发现自己的总结写得再好，似乎也没什么用处，董事长看起来压根儿就没有把这件事情放在心上，公司里甚至传言说："那些邮件董事长根本就不看，就是走了个过场。"

于是，大家逐渐对工作总结这件事情不再上心，每个月底敷衍地写三五百字交上去就算完成任务了。只有王鑫不这么觉得，他认为，能够直接给董事长汇报工作，是难得的机会，为什么不把握住呢？所以，他会认真写每个月的工作总结，没有一次低于6000字。王鑫对自己说："就算董事长真的不看，我的这些努力都白费了，我又有什么损失呢？"

又过了半年，董事长突然对王鑫的主管说："你们部门的王鑫这个人踏实肯干，也有想法，你要多帮帮他。"有了董事长的支持，主管自然开始把优质资源向王鑫倾斜，再加上王鑫自己的努力，他很快就成为公司的王牌销售，并一步步向上攀登，最终成为销售总监。

此时，王鑫觉得自己在公司的发展已经走到尽头，"一人之下，百人之上"，再也不可能更进一步了。于是他辞去工作，决定单干。临走前董事长对他说："你可想好了，现在你在我这儿不缺钱、不缺地位，将来出去了，生意是没那么好做的，一个不小心万劫不复。"

王鑫笑着说："论成败人生豪迈，大不了从头再来。"

董事长点点头，说："你能走到今天，也是因为你有这股子劲儿，我就不拦你了，以后有困难找我。"

王鑫开了一家小文化公司，主要负责帮助各大电影制片方做宣传。刚起步的时候，他的事业进展得确实很慢，那是他人生中最艰难的时刻。一次，一个经纪人问他："某国际大牌明星近期要到你所在的城市做宣传，恰巧我可以安排你去做一次采访，你想去吗？"

王鑫想也没想，说："想去。"

把这件事情接下来之后，他才想到自己英语水平一般，无法与对方正常沟通。为了解决这个问题，他花大价钱请了一位同声翻译。可是当他来到明星住的酒店时才被告知：对方只邀请了你一个人，所以只有你可以进入明星的临时办公室，其他人不许进。王鑫瞬间有点懵，他心想："难道我要失败了吗？"

但即便如此，他也没有放弃这次采访机会。他硬着头皮进入明星的办公室之后，惊喜地发现此次活动的主办方已经为明星请了一位翻译，所以王鑫很顺利地完成了对明星的采访。

采访结束之后，王鑫回到家一夜未眠，写出了一份非常好的宣传稿，并且在行业内一炮打响。从此之后，他的事业迎来新的阶段。

王鑫和大多数普通人一样，走上普通的岗位，做着普通的工作，他有一千个理由平庸，但是他最终却走出平庸，走向成功。其中的奥秘只有一个，那就是他不惧眼前可能的失败，不怕没有回报的"白费劲"，抓住一切机会向上攀登，才最终有了"功德圆满"的时刻。

或许王鑫没有听说过失败学第二定律，但是他一定在生活中了解了这条定律揭示的真相——只要能最终享受到成功的甜，即便吃再多失败的苦，也是值得的。

躲在巨人身后失败就找不到你？恐怕未必

很多人存在一个想法：只要我能够找到一个成功的团队混迹其中，就可以用集体的成功去避免个人的失败。如果你真正了解了失败学第三定律，就会知道这种想法有多么天真。

失败学第三定律——人在避免失败、追求成功时都是自私的。

一本书很有名，叫《自私的基因》，它阐释了一个自然界的真理：在自然界，几乎所有的物种都拥有来自基因层面的自私属性，因为那些不够自私、没有不择手段延续自身价值的基因，早就消失在物种进化的长河中。

生物天生自私，人类天生自私，由人类组成的各种组织也天生自私，尤其是那些渴望成功、追求突破的团队，更是自私的。他们的自私，不仅体现在要尽最大的努力与外部世界争取利益，也体现在他们会毫不留情地清除掉所有阻碍自身进化的内部因素。就是说，当你置身于一个成功的团队中时，你自己最好具备成功者的品质。假如你只是一个庸庸碌碌之辈，很快就会被团队抛弃。所以，你不要想着在成功者的羽翼下寻找庇护，而是要拿出血性成为最坚硬的爪、最锋利的牙。你可以跟着团队一起失败、一起成功，却永远不要想着躲在团队身后，让团队分担你失败的代价，与你分享成功的果实。

罗纳德·韦恩，如今已经 80 多岁了，独自生活在拉斯维加斯附近的一个小镇，靠着政府的救济金过活。如果有人告诉你这个老头曾经是乔布斯的合伙人，他曾经拥有苹果公司 10% 的股份，原本应该是身价百亿以上的富翁，你一定会觉得这根本不可能。但这的确是真的。

1976 年 4 月 1 日，愚人节，乔布斯到市政厅做法律登记，他成立了苹果公司，当时和他一起去登记的还有他的两个合伙人——沃兹尼克和韦恩。当时，韦恩是三人中最年长的一位，已经 42 岁了，而乔布斯和沃兹尼克当时都是 20 岁出头的年轻人。

韦恩能够成为苹果公司的创始人，靠的是乔布斯的信任，因为乔布斯和沃兹尼克这两个年轻人经常产生冲突，需要一个老成持重的人从中调停，韦恩正是最好的人选。

可乔布斯万万没有想到，韦恩这个人虽然老成持重，但却有些持重过头。公司成立之后，很快就接到了一笔大订单，为了完成这笔大订单，乔布斯借了两万多美金，去购买零部件。

韦恩发现公司背负了债务，非常不满意，他只是想通过苹果公司让自己赚点小钱，可是现在钱都还没有赚到却先背上债务，作为公司的合伙人，一旦公司出现任何问题，这笔债务就会落到自己头上——毕竟，乔布斯和沃兹尼克这两个毛头小子当时一文不名，只有韦恩还有些财产。要是破产清算的话，那两个小子光脚的不怕穿鞋的，要钱没有要命一条，韦恩可就惨了，他得变卖家当偿还债务。

想到这儿，韦恩害怕了，他坚决反对乔布斯举债扩大生产，二人因此产生矛盾。

乔布斯是一个冒险家、野心家，也是一个天生的成功者，所以他怎么也想不通韦恩怎么能够因为区区两万美元的债务，就甘愿放弃一笔可以让公司大赚一笔的订单。这时候，乔布斯突然意识到：自己的这个合伙人，身上缺乏那种"成功者的勇气"，因而萌生了踢他出局的想法。

趁着韦恩对公司前景大为悲观的时候，乔布斯提出：用 800 美元买下他 10% 的股份。韦恩居然答应了。

1977 年 1 月，乔布斯和沃兹尼克拿到一大笔创业投资，苹果公司迎来第一次跨越式发展的机遇。而此时，乔布斯又找到韦恩，给了他区区 1500 美元，要求他放弃关于苹果公司的全部权利，韦恩并不知道日后苹果公司将成为一家何等伟大的企业，所以他一手接过 1500 美元，一手签署了自己放弃所有关于苹果公司权利的协议书。自此，韦恩跟苹果公司再无半点关联。

后来的事情大家都知道了。苹果公司一步步成为世界知名的科技公司，而 10% 的苹果公司股票，最少价值 30 亿美元。事实上，仅仅在韦恩退出苹果公司 6 个月的时候，苹果就推出了第二代电脑，并且开始迅速崛起。也就是说，韦恩如果能在苹果公司多待 6 个月，他就完全可能看出这家公司的发展前景。可惜的是，他没有给自己这个机会。当然，看穿他"庸人本质"的乔布斯，也不能给他这个机会。不管怎么说，乔布斯绝对不会容许自己的团队中出现这样一个人物。

后来，韦恩来到拉斯维加斯，沾染上了赌博，一生贫困。很多人叹息他失去了一个成为亿万富翁的机会，但实际上，他从来不曾有过那样的机会，这是性格决定的。

韦恩与苹果公司的故事，生动地证实了失败学第三定律的一个真理——如果一个人没有成功者的基因，即便混进了成功者的圈子，也不可能适应那里的"生活"，更不可能被成功者容纳。所以，假如一个人不能认识到自己基因中的"失败因子"，并且将其完全摒弃掉，不管把他放到什么地方、什么环境，他都难逃失败的命运。

我们说：失败是成功的垫脚石，这句话中所指的失败，是"境遇上的失败"，一个具有成功者心态的人，他也会面临境遇上的失败，就连乔布斯这样天生的成功者，也遭遇过重大失败。但是，境遇上的失败非但不可怕，甚至在很多时候还很可贵，因为失败的经验的的确确可以转化为崛起的资本。

还有一种失败，是"思想上的失败"。一个人一旦丧失不惧艰险、排除万难也要追求卓越的勇气，一旦有了混日子、躲难题、求安逸的生活态度，便会被身边其他努力追求向上的人超越。这么说可能有点过于"赤裸裸"，但是只要你了解失败学第三定律，就很容易推导出相同的结论。

第三定律告诉我们，人在追求成功的路上都是自私的。所以，那些追求成功的"对手"，会出于本能去压制你的成功；而那些追求成功的"同伴"，一旦你不能成为他们成功路上的伙伴，他们就会远离你，成功欲越强的人，越会果断远离身边的平庸之辈。所以，不管身处何地，面对的是谁，只要你不能先保证自己的成功心态，就会被"推向失败"，这几乎是不可避免的。

所以，人生路上没有庇护所，你只能先给自己撑起一片天，然后才可能吸引同样前行的人一起展望更广阔的空间。你不是不可以失败，而是绝不能容忍自己内心中滋生出"失败者心态"。要知道，那些狂热的成功者，他们的嗅觉异常灵敏，能够轻易判断出谁是待宰的羔羊，谁是需要敬畏或拉拢的独狼。你最好要么让他敬畏，要么与他为伍，但绝不能被他当成猎物或累赘。

　　失败学三大定律，第一条定律告诉我们，不要畏惧失败，因为走向成功的路上，必然会遭遇失败；第二条定律告诉我们，你要么成功，要么失败，没有中间道路可以选择；第三条定律告诉我们，你必须先自己强大，才能避免失败的终极命运。事实上，当我们把这三条定律结合起来理解的时候，就能够得出这世上关于成败的一个终极定律——你可以失败，但绝不能容忍自己接受失败的命运，这就是一个人立足于世的基本原则。

"消化"失败

想成功，最好别在寻找成功诀窍上浪费时间，学着消化失败更加重要。

很多人认为，做成一件事的关键在于找到成事的秘诀，但实际上，成事的关键是避开所有可能坏事的陷阱。所以，与其摸索别人的成功经验，不如总结失败的教训。这是因为，失败比成功更具普遍意义。我们要知道，成功者各有各的成功之道，他走过的成功之路你再走一遍，十有八九不会成功；失败者的失败原因更加值得借鉴，因为别人那样做失败了，你如果和他一样做，大概率也会失败。

你一定听过许多人讲的所谓的"成功密码"。有人告诉你，一定要谨慎为先，也有人说，成大事必须要有大魄力；有人告诉你想要成功就得对自己狠一点儿，也有人说，成功者必须先要学会自我接纳；有人告诉你要逆风前行，也有人说要顺势而为……这些人说的话听起来都很有道理，也从来不缺乏真实的案例作为支撑，但是这些自相矛盾的成功秘诀对你而言有意义吗？没有！

成功之所以是稀缺物品，就是因为它没有固定的路径。要是成功之路是固定的，人们都往这条路去了，哪里还会有失败者？

成功没有固定的路径，失败却有。如果我们认真总结人们的失败根源，一定会发现有些人的行为方式是明摆着的陷阱，踏入这些陷阱的人，没有一个能全须全尾地爬出来。认识失败、消化失败，把别人或自己的失败经验变成能够让自己避开"雷区"的路标，恰恰是认识失败、学习失败学的意义。

2003 年，王兴开始创业。

最初的一年时间里，他风风火火地搞了十多个项目，包括交友网站多多友、游子图等，没有一个成功的。王兴倒是一点儿也不着急，他说自己就是心态好，不指望一上来就成功，就当试错了呗。

两年后，王兴创办了校内网。

很明显，通过多次失败，王兴已经初步找到互联网创业的一些痛点。他的校内网在一年之内就收获了上百万用户。在那个网络服务远不如今天发达的年代，校内网可以说是当时十分成功的网站之一。

虽然项目很成功，但是短时间内还不能把流量转化为金钱，而想要维持越来越庞大的网站，需要投入更多的资金。王兴没钱，也不知道怎么弄钱，甚至当红杉资本的投资人找到他试图给他投资的时候，他都不知道怎么才能打动对方，导致到手的鸭子都飞了。最终，王兴因为没有钱周转，只好把校内网卖给其他人。虽然王兴从这次交易中获得了一大笔钱，但实际上他还是"失败"了，因为如果他能把校内网掌握在手中，这个网站能够给他创造的财富何止区区百万。

校内网卖给别人之后，王兴重新创业，创办了一个叫"饭否"的博客网站，这是中国较早的博客网站之一，巅峰时期用户超过百万，但是相信很多人没有听说过。原因很简单，王兴没能控制住博客用户擅自发布敏感信息，导致该博客网站被关停。

就这样，王兴再一次失败。

"饭否"下线之后，王兴又创办了"海内网"。这一次，他汲取"饭否"的教训，尽量让网站内容维持在一个可以控制的范围之内。但是正因如此，海内网始终没有真正成为人们耳熟能详的网站，影响力被局限到一个小圈子里。最终，由于海内网错过了中国互联网产业飞速扩张的时机，逐渐被其他大型网站湮没。

失败，又是失败，但是王兴通过一次次失败，似乎打通了任督二脉，他终于找到一个正确的方向——2010年，他创办了美团网。

由于美团网实在太过出名，所以相信接下来的故事大家都有所耳闻。美团网创办之后，成功地拿下红杉资本的投资，一步步发展壮大，并于2018年9月20日在港交所成功上市，成为我国继BAT后的第四大互联网公司。

今天，美团网已经成为消费者心目中知名的几个电子商务平台之一。回首望去，王兴犯的错误并不少，其中很多错误是"致命"的：

校内网之前，王兴的10个项目都失败了，错在方向不对；

校内网，方向没问题，最终失败错在资金不足；

饭否网，方向对了，资金不缺，错在不懂"网络治理"；

海内网，方向对了，资金不缺，网络治理也没有问题，错在产品定位有问题；

美团网，方向对了，资金不缺，网络治理有经验，产品定位更准确，大获成功。

王兴从失败中走来，最终把所有的失败都消化成最后成功的养分，这才是取胜之道。

现在，假如你是一个网络创业人，如果盯着王兴的成功要素去复制他的成功，按照和他一模一样的思路、步骤去做一个电子商务平台，相信你最终会一败涂地。但是如果你能在创业过程中避开他曾经掉进去的那些"坑"，相信你最终一定会有所得。

另外，我们不得不说，王兴之所以能够不断地从失败中总结经验，在一次次失败之后重新启程，终获成功，除了他有百折不挠的意志外，还要得益于家庭的支持——王兴的父亲拥有亿万资产，所以他有资本亲身试错。作为普通人，没有这样的后盾，更要重视"失败学"，学会从别人的失败中总结教训。千万不要想着按照成功者的老路再走一遍你就会成功，因为所有成功的背后，其实都有些不为人知的隐藏条件。如果你不具备这些条件，靠学是学不会的。所以，成功学到最后多是照猫画虎，失败学才能让你举一反三。

失败学的本质在于"消化失败"，把别人或自己的失败过程变成具有实际意义的人生经验。想要做到，一点儿也不容易，我们起码要完成三个步骤。

第一个步骤是反思。

这世界上有无缘无故的成功，却从来不曾出现无缘无故的失败，所以，只要是失败，必有原因。如果你失败了，不要给自己找借口，说一些类似"时不利兮，非战之罪"的诡辩的话，一定要把自己失败的根源找出来，以一个非常客观的心态去解剖它。

对于别人的失败，我们不要戴着有色眼镜去看，把他的失败简单归结为"他这个人不行，成不了大事"，而要理性地分析他的失败，找到其失败的客观原因。

第二个步骤是变化。

找失败的原因不是目的，避免失败才是目的。我们为什么说失败是人的财富，就是因为需要借助失败，改变自己的一些看法、行为，修正自己对于世界的不完全认识。如果失败不能给你带来改变，那么失败将毫无意义。所以，失败学一个很重要的含义就是"生变"。你想做更好的自己，可是怎么样的你才是更好的呢？答案很明显——不再重蹈昨日覆辙的你，就是更好的自己。

第三个步骤叫坚持。

有所变，有所不变，变的是方法论，不变的是初心。遭遇失败，或者目睹了别人的失败，也不要被失败吓破胆。如果你因为失败而退缩，就等于"坐实"了失败。只有你把失败转化成下一次成功的动力，失败才有了意义，而最终的成功会覆盖所有的失败。只要笑到最后，曾经的眼泪就不白流。

寻找最致命的失败

二战时期，为了加强战斗机的防护能力，英美军方调查了作战后幸存飞机的弹痕分布，他们发现，所有幸存飞机的机翼都大量中弹，而机舱部位的中弹数量最少，因而，英美军方决定进一步加强机翼的强度。但此时，统计学家亚伯拉罕·瓦尔德却给出了不同意见。他认为，最应该加强的地方不是机翼，而是机舱。人们不明所以，亚伯拉罕给出了答案："这些飞机都是幸存的，所以可以知道，即便机翼大量中弹，飞机也能有很大概率幸存。之所以所有幸存的飞机机舱中弹都比较少，是因为机舱中弹多的飞机都失事了，根本就回不来。所以，机舱中弹才是最为致命的，应该对机舱位置予以加强。"听了亚伯拉罕的话，人们恍然大悟，最终，英美军方针对所有飞机的机舱进行了加强。

这便是所谓的幸运者偏差。

关于失败，其实也存在幸存者偏差。例如，很多成功者在宣扬自己成功之道的同时，也喜欢渲染自己曾经遭遇的失败。实际上，这些成功者如同那些幸运的飞机，他们的失败就好像机翼上的弹孔，看起来密密麻麻甚是骇人，但实际上并不致命。那些遭遇到致命失败的人，就如同失事的飞机一样，人们很容易忽略掉他们的存在。

所以，真正试图从失败中寻找立身之道的人，应该学会寻找那些"导致飞机失事的关键创伤"。

今天，我们都知道马云、李彦宏、张朝阳的名字，他们都是从中国互联网浪潮中崛起的一批企业家。事实上，上述这些人在互联网领域混出名堂之前，中国互联网界有一个更加如雷贯耳的名字——张树新。

提起张树新，很多人感觉很陌生。但是在 20 世纪，张树新和她的瀛海威绝对是当仁不让的互联网巨头。早在 1995 年，在中国互联网产业几乎是一片空白的时候，张树新创办了瀛海威民间互联网，主要从事网络接入服务、运营商服务、互联网的普及和市场培育、互联网内容制作服务。1997 年，瀛海威租用了一条卫星线路和一条国家数据专线，把北京、上海、广州、福州、深圳、西安、沈阳、哈尔滨八个城市连接起来，构建起首个全国性时空主干网，实现网内用户自动漫游，成为中国最早也是最大的民营 ISP、ICP。此外，张树新和她的企业还涉足论坛、电子购物、虚拟货币等领域。据统计，当时瀛海威的注册用户有 6 万人。这个数字在今天看来不值一提，但是我们要知道，当时全国的互联网用户只有 25 万人。也就是说，全国每四个互联网用户中就有一个瀛海威的用户，这是怎样的成就？

当时，张树新几乎就是中国互联网"教父级"的人物，联想 CEO 杨元庆曾经多次专门向她请教问题，日后创办搜狐网络的张朝阳则在张树新身边谦虚地学习"创业宝典"，刚刚开始互联网创业的马云从杭州来到北京请人托关系联系到张树新，并争取到半个小时的沟通时间……

如果瀛海威能够坚持到今天，按照张树新当年的布局，它将是"中国电信＋新浪＋天涯论坛＋淘宝商城＋腾讯"的结合体。但可惜的是，由于张树新始终坚持自己的经营策略和技术路线，固执地排斥互联网新业态，她不仅错过了门户网站的大爆发，甚至错过了中国互联网的大普及。当时，瀛海威使用的互联网协议不是我们今天所熟知的 TCP/IP 协议，而是自己独有的一套其他协议，所以当中国互联网用户大多数开始使用 TCP/IP 协议之后，瀛海威成为互联网上的一座孤岛，很快就被人遗忘了。

有人总结说，瀛海威之所以失败，就是因为它没能接受互联网新生事物的发展。后来人们都知道了，这一态度对于互联网企业是致命的。所以，后来的互联网成功者都是激进的"追新族"，这或许就是瀛海威的失败留给其他互联网创业者的启示。

瀛海威，属于典型的"机身中弹"的失败者。但是由于它失败了，所以不管它在那些年多么辉煌，天长日久之后，也特别容易被大众所遗忘，可那些试图在互联网领域出人头地的成功者没有忘记它，因为瀛海威的失败能够给所有后来者犹如当头棒喝一般的重要启示，了解它的失败根源，就可以避免走上它的老路。这就是研究失败的重要意义。

失败者是最没有话语权的，因此，关于他们的故事、声音太容易被湮没了，而那些最能让人醍醐灌顶的成功之道，恰恰就存在于这些伟大失败者的命运之中。如果你无视他们的命运，无视失败者的前车之鉴，就等于浪费了一笔宝贵的财富。所以，我们绝不能轻视失败者，无视他们的存在，相反，应该更加重视对失败的总结和归纳，靠近它们，了解它们，充分认识它们。

所以，真正懂得失败学精髓的人，不能有"势利眼"——一心往成功身边凑，见到"失败者"就避之不及，因为他们明白，失败并不能全盘否定一个人，暂时的失败也不意味着永恒的失败。而且，失败者能教给你的东西，往往比成功者更多。

拿曾国藩来说，如果人们在1854年前见到他，一定会觉得这个家伙是个失败者。

21岁参加秀才考试，却被学政批评"文理太浅"，连个秀才也没考中。幸好他不放弃，回家卧薪尝胆，闭门读书，最终在科举考试中有所收获。

当官之后，曾国藩想要报国图强，给皇帝上书一封，还附带了一幅自己画的《讲堂布局图》，结果人们没有注意他上书的内容，反而看到他画的那幅图。曾国藩的画工糟糕，那幅图自然也高明不到哪里去，于是他被满朝文武耻笑。

曾国藩发现咸丰皇帝有许多缺点，便直接上书批评皇帝有三大不足——一是见小不见大，小事精明，大事糊涂；二是徒尚文饰，不求实际；三是刚愎自用，饰非拒谏，出尔反尔，自食其言。结果这番话惹恼了皇帝，曾国藩险些被打入大狱。

……

像这样的失败，在曾国藩的人生中并不少见，就连他掌握兵权之后也曾经被太平军打到山穷水尽的地步。要不是下属拦着，曾国藩差点投江自尽。但好在曾国藩能够不断总结自己失败的原因，最终成为立功立言立德的著名人物。一部《曾国藩家书》，其实就是他对于失败的"反思集"，早已成为很多人心目中的经典著作。

　　打开《曾国藩家书》，你会发现其中有许多关于曾国藩反思失败的内容，不仅反思自己的失败，也反思别人的失败。例如，建立湘军之初，曾国藩并没有一门心思地去想如何带领湘军成功，而是在想之前与太平天国作战的主力绿营兵为什么会屡战屡败，他们犯下了哪些致命的错误。

　　曾国藩发现，绿营兵的军饷普遍不高，所以很多官兵有第二职业，因而战斗力不高，所以他给了官兵更高的待遇。

　　曾国藩发现，绿营兵都是临时组队，互相不认识，胜则相忌，败不相救，因而总是失败，所以他决定湘军要做到将必亲选、兵必自募。

　　曾国藩发现，绿营兵兵源不好，很多是地痞流氓，因而失败，所以他招募了大量有知识的人带领军队。

　　正因为曾国藩汲取了绿营兵的失败经验，并在实践中避开他们的失败陷阱，所以他带领的湘军才能够最终打败太平天国，给清王朝续了一波命。

第二章

失败具有一定的规律，
从失败中汲取成功之道

约拿情结：恐惧失败，也恐惧成功

　　心理学家马斯洛给学生上课时，曾经提出这样一些问题："你们谁希望自己写出美国最伟大的小说？""谁渴望成为一个圣人？""谁认为自己会成为伟大的领导者？"面对这些问题，学生们的反应却是这样的：红着脸，低着头，只是不好意思地笑着，甚至不安地在座位上蠕动。

　　马斯洛又提出一个问题："你们谁正在计划写一本伟大的心

理学著作吗？"学生们仍红着脸、低着头，低声说着什么，企图这样搪塞过去。

马斯洛继续问："难道你们不想成为一位心理学家吗？"

终于有人出声了："想！"

这时候，马斯洛说："那么，你想成为一位沉默寡言、谨小慎微的心理学家吗？这不是一条通向自我实现的理想途径。"

其实，马斯洛提出这些问题，是想要激发学生最大限度地实现自我价值，激发自己的最大潜能，追求一种更高级的成功与理想。可令他遗憾的是，他发现绝大部分人有一种潜在的自我逃避和畏缩恐惧的心理，不敢去做自己想做的事情，渴望着成功，又害怕成功。

或许很多人不以为然："人人都渴望成功，我又怎么会害怕成功呢？"可不妨回忆一下，想想自己是否有类似的经历：

有一个升职竞聘的机会，你想报名，得到这个机会，但觉得自己没有能力胜任，于是站在老板办公室门口半天，最终却没敢敲开门。

在某个重大比赛前你做好了充分准备，之前也是信心满满，然而关键时刻却异常紧张起来，担心自己出错，有了退缩的想法。

低调地工作着，时常害怕表现自己，因为担心"枪打出头鸟"。

好不容易获得成功，但担心爬得越高，责任就越大。

看到别人升职、事业有成，心有嫉妒和不甘，愤愤地对自己说："其实我更有能力……"

……

如果有类似的经历或思想，那说明你不自信，不敢迎接挑战，不能以平常心看待失败与成功。在这情绪与思想的影响下，一个人的自我价值自然很难得到充分发展与实现，只能平庸地过一生。

没错，人应该渴望成功，追求更高的事业，实现更高的自我价值。事实上，很多人的反应却不尽如人意，如马斯洛的那些学生，如有以上种种表现的你。这种渴望成功却害怕成功的自我逃避心理，就是马斯洛提出的"约拿情结"。

约拿是一个虔诚的犹太先知。他内心渴望着被神差遣，渴望着受到神的重用。终于有一天，神给了他一个重要且光荣的任务：宣布赦免一座本来要被罪行毁灭的城市——尼尼微城。但是接到这个任务后，他却害怕完成这样的任务，逃跑了。他开始东躲西藏，躲避着信仰的神。神不断地寻找他、唤醒他，甚至还惩罚他被一条大鱼吞掉。最后，经过不断的反复与犹豫，他终于悔改，并且完成了这个任务。可任务完成后，他依旧选择躲避起来，逃避人们的感谢与纪念，把所有人的目光都引向了神。

约拿情结是绝大部分人普遍存在的一种心理现象，具体表现为：害怕失败，也害怕成功；在机遇面前隐藏自己，逃避发挥自己的能力，开发自己的潜能；在快要达到自己想要的目标时却"怂了"，一心想要逃走。

所以，人最怕的不是失败，而是本可以成功却因为害怕成功而失败，因为逃避发挥自己的潜能而失败。这是人们失败的一个因素，也是为什么总是有少数人成功，而大多数人平庸的重要原因。具有约拿情结的人往往在快要成功或是快要实现自我价值时，开启自我防卫意识，拒绝成长，拒绝承担更大的责任以突破自己。这时候，这些人的内心是纠结和煎熬的，时刻拷问着自己：是应该前进还是逃避？是应该谨慎小心还是挑战自我？

很多人看过一些闯关类或智力游戏类节目，即通过答题形式获得丰厚的奖品或奖金。参与者每闯过一关，都可以赢得该关卡奖品或奖金，然后进入下一关，下一关的奖励比该关卡的奖励更丰厚。而且，这些奖励是累积的，通过所有关卡的人可以获得巨额的奖品或奖金。只是节目组给每个游戏参与者都设置了一个小陷阱：参与者每闯过一关，主持人都会询问是否继续下一关，但要注意的是，如果参与者选择继续闯关却在下一关失败了，那么之前所有的奖金都泡汤了。这意味着参与者一个奖品或一分钱也拿不到。

结果怎样？绝大部分参与者会选择见好就收，拿到一定量的奖品或奖金后就不再继续。这些人渴望获得大奖，但又惧怕挑战；渴望成功，可到了关键时刻又"怂了"。在他们看来，没有尝试，就没有失败，而没有失败，就没有更大的损失。节目组织者或许就是抓住人们的这个心理，笃定没有多少人敢继续挑战，所以才设置了这样的陷阱。

当然，这个世界上不是所有人都恐惧成功，也不是所有人都恐惧挑战自己。少数人总结出了这个规律，从失败中汲取经验，打破了约拿情结。之前有一个电视节目叫作《谁是未来的百万富翁》，游戏规则就如上面所说的：参与者通过答题闯关获得相应的奖金。但是节目开播了很多期都没有一个参与者坚持到最后，没人获得一百万的大奖。事实上，最后的几个关卡，每道题都很简单，只需略加思考就能轻松答出。这是节目组为参与者设置的陷阱，也是对人性的一种考验。

几年之后，一个年轻人出现了，他在获得几十万奖金之后没有选择退出，而是决定继续挑战。就这样，他成为该节目播出以来第一个获得百万大奖的"超级幸运儿"。可谁都知道，成就这个年轻人的根本不是什么幸运，也不是因为他很有学问，而是因为他打破了约拿情结，敢于追求更高的东西，敢于激发内心最大的力量与自己的潜能。

渴望成功，又害怕成功，这种纠结的约拿情结无疑让我们的真实能力大打折扣，也阻碍了我们向着成功前进。很多时候，这种冲突可以被我们意识到，但大多时候，它被抑制在我们的潜意识中，阻碍了我们的自我价值的实现。

所以，想要打破失败规律，我们需要打破约拿情结，敢于挑战自己，用平常心看待失败与成功。一是剔除"我不行""我办不到"的想法，敢于追求更高的自我价值，承担更加伟大的使命，追求更加崇高的目标；二是不要拒绝成长，更不要拒绝激发自我潜能，要克服成长中的恐惧，不再恐惧失败；三是抛弃"枪打出头鸟"的思维，要敢于表现自己，不害怕与别人不一样，不害怕"高处不胜寒"。

只要我们敢于挑战自己，发挥自己应有的潜能，那么离成功的日子也就不远了。就算失败了，这失败也有意义，仍可以提升、磨炼自己，积累一些经验和教训。

被定义的失败者

很多人想要成功，可是没行动就停止了，因为别人说"你不行！你这样的能力与资质，怎么可能成功"；很多人拼搏着、追求着自己的梦想，可慢慢地，这梦想之火就被熄灭了，因为别人给他的背上贴上了"失败者"的标签，说他"30岁了还一事无成，付出再多的努力也是白搭"；很多人失败了，想再拼一拼、搏一搏，可刚鼓起的勇气没过多久就泄了，因为别人说："你是失败者，应该接受命运！"

于是在别人的定义下，这些人成为了失败者。最关键的是，就连他们都认为自己就是失败者，之后开始放弃、堕落，逐渐走向平庸与失败。最后回过头来，看看当初的自己，再看看现在的自己，然后只能长长叹一口气说："原来我真的是一个失败者。"

还记得那个茅侃侃吗？他曾经是年轻人的创业偶像，一个备受追捧的年轻偶像。

20岁时，他进入一个安稳的单位，安心工作。但实际上，他一直有着想闯一闯的决心与雄心，而一次跳槽则成为改变他人生的关键。之后，他换了很多份工作，从小网站、游戏公司、电视台到自己开公司，从普通的年轻人成为备受瞩目的"成功人士"。

2004年，他遇到一个曾经合作过的国有企业老板，于是把心里谋划了许久的项目与对方交流。就这样，他的想法成真了，他也一跃成为MaJoy公司的CEO。之后的一段时间，他成为80后创业者，被树立成80后创业偶像，与泡泡网的李想、康盛创想的戴志康、Mysee的高燃一起登上《中国企业家》杂志的封面，受邀出席央视《对话》《经济半小时》等节目。茅侃侃彻底火了，出现在百度百科的词条里，只要搜索他的名字就会出现很多条介绍、新闻内容。走上大街上，很多人会认出他，用赞赏与崇拜的眼光看着他。

这个时候，人们给他的定义是成功者。他被冠以很多名号，被贴上很多标签，包括"京城IT四少""创业偶像""80后创业优秀代表""亿万富翁"等。或许当时他从来没有想过自己会失败，还会因为屡次失败被冠以"失败者"的头衔，然而事情的发展总是出乎人们意料。

2010年，茅侃侃从MaJoy辞职，而这是他人生的又一个转折点。他的创业之路开始坎坷起来，他尝试了很多领域与项目，但都以失败告终。他曾创办一个教育项目，最后不了了之；和朋友合作制定一项健康私人医疗解决方案，失败了；创办了一款实时路况信息App，也失败了；后来，他加入了GTV，担任副总裁，第一次踏入电竞圈。这一次不是创业，而是给人打工，虽然有一些成绩，但还是失败了；再往后，与人合作成立电竞公司，但因为游戏周期长，此后两年公司都处于负盈利状态。茅侃侃背负着巨大的压力，有人开始议论纷纷。

所以，当有人提出要收购这个电竞公司时，茅侃侃以为这是一个翻盘的机会，但遗憾的是，收购案又失败了。受这次事件影响，公司的实际控股人发生变化，股价大跌，游戏项目也被视为边缘产业。为了挽救危机，他把车子、房子以及个人资金都投入进去，但依旧难以维持公司运转。电竞公司不得不选择关闭，他再次遭遇失败……

此时的茅侃侃不再是春风得意的成功者，而是被定义为失败者。虽然他拼搏过、努力过，但是因为连连失败早已疲惫不堪、伤痕累累，甚至还患上了抑郁症。他走得非常艰难，想要重新追求自己的梦想，但是却被现实打败了，终究没有扛过去。2018 年1 月，他选择自杀，结束了自己的生命。

可以说，茅侃侃自从创业开始到结束生命，都是被别人定义的，从一开始的"创业偶像""成功者"到后来的"失败者""倒霉蛋"。因为无法摆脱一个又一个标签，任由别人定义自己，所以他被裹挟着前进，最后也让自己堕入深渊。是的，茅侃侃的确失败了很多次，可这代表着他就是彻头彻尾的失败者，永远不再会成功吗？当然不是！事实上，不到最后一刻，任何人都不能断定自己不会成功。这个事情，你自己不能断定，别人更不能定义。

所以，我们不能成为被别人定义的失败者。不管之前经历什么，不管别人说什么，我们都不应该被别人所给的定义干扰或影响，"心甘情愿"地接受失败者这个定义。如果把权利掌握在自己手中，不断正视自己，给自己改变和成长的机会，然后为了变得更好而努力，为了成功而拼搏，自然就会拥有更大的成功概率。

读读下面的故事，或许你可以有所领悟。

斯帕奇是一个害羞的小男孩，从小学到中学，几乎门门功课都不及格，甚至一些学科是零分。于是，他被定义为"笨孩子""最糟糕的学生""失败者"，人人都认为他以后很难有出息。也许因为从小经历了太多的失败，所以就算长大后他仍胆小懦弱，认定自己就是一个失败者。不过，他很喜欢绘画，从小到大只关心绘画一件事。他对绘画很执着，曾多次向出版社提交作品，虽然多次被退稿但仍坚持画着，梦想着成为一名职业漫画家。这也是他唯一坚持的。

中学毕业那年，他鼓起勇气向迪士尼公司写了一封自荐书，并很快收到该公司的回信，让他根据所给主题画一些漫画。他投入了大量的精力和时间，画了很多幅漫画。可这一次，他又失败了。

这时候，斯帕奇似乎真的绝望了，认为自己的人生只有黑夜，根本没有白天与光明。于是，他开始用画笔来画自己的人生，讲述自己灰暗的童年、暗淡无光的青少年。可没想到，这样的漫画却吸引了无数人的关注，他笔下的小男孩查理·布朗也成为无数孩子们的偶像，而他也成为一位出色的漫画家。

此时此刻，更多人知道了——斯帕奇不是他的真实姓名，只是同学们给他起的绰号，意思是失败者。他的名字叫查尔斯·舒尔茨。

这个"失败者"查尔斯·舒尔茨成功了，就是因为他不甘心被别人定义，不甘心连最爱的绘画都放弃，所以他始终努力着，做着自己喜欢的事情，努力达成自己的目标。终于，他摆脱了失败者的标签，迎来了成功。

90%的盲从者最终成为失败者

成功是有条件的，失败是有规律的。盲从是失败的一个规律，谁陷入盲从，就会糊涂地走向失败。而且，90%的盲从者最终都将成为失败者。因此，想要成功，我们就需要告诉自己：最好不要做跟随者，更不要做盲从者。

在土耳其东部的一个小村庄发生过一件离奇的事情。一天早上，牧民们像往常一样赶着羊群去吃草，等到羊群到达目的地草甸子后，牧民们便开始吃起早餐。草甸子附近有一处悬崖，但是牧民们并不担心，因为他们在这里已经放羊很长时间了，从来没有出过意外。

但是，这天早上意外却发生了。不知道什么原因，一只羊突然冲向悬崖，一跃而下。紧接着，第二只羊跟着跳了下去，第三只羊也跟着跳了下去，第四只，第五只……没过多长时间，1500只羊全部从悬崖上跳跃而下，等到牧民发现时已经晚了。

不幸中的幸运，因为悬崖不算太高，之前跳下的羊的尸体做了"软垫"，最后跳下的一些羊得以幸免。最后，牧民们统计发现，跳崖死亡的羊大概有 500 只。这也避免了更大的损失。

为什么羊会跳崖？如果说第一只羊可能是因为失足，或是受到什么刺激，那么为什么所有的羊都选择跳崖？对于此，牧民们百思不得其解。其实，答案就是盲从，盲从让这些羊集体奔向未知的危险，奔向那个意味着死亡的悬崖。这种群体性盲从的行为就是心理学上所说的羊群效应。

所谓羊群效应，是指人在集体中的盲从心理，具体来说就是由于对情况缺乏了解，在一定条件下，人们会观察身边其他人的行为，并且以此为依据进行判断，做出同样或类似的选择。最初，信息在人群中是一层层地被传递的，这种信息的正确性在传递中得以一步步的强化，最后促使更多人盲目地跟随。

从羊群集体跳崖的事例可以看出，盲从是非常可怕的。它让一个人在群体的裹挟下不自觉地做一些事情，不论对与错，别人参与，自己也参与，别人做什么，自己也做什么，结果却事与愿违。人类是一种社会性动物，在群体中难免会受身边人的影响，参考他们的选择而做出自己的选择。但是做选择的时候，我们需要从自身的处境、具体情况、利益出发，仔细思考他人的选择是否正确，是否符合自身情况。只有分清是非对错，又根据自身情况做出选择才不至于盲从，更不会迷失。

有一位著名节目主持人曾这样说过："人要明白如何坚持，好走的路上景色少，人稀的途中困苦多，勿随意盲从，忌一味跟风，坚守好这一刻，才能看到下一刻的风景。"事实上，盲从的人很多，真正做到独立思考、不跟风、不从众的人却很少。就拿做生意选项目来说，很多时候，人们会选择热门行业、热门项目，看到大家都在做什么，自己也就跟着做什么；看到哪一个产品赚钱，自己也卖哪一个产品。

殊不知，喜欢随大流，哪里热就往哪里挤，不一定赚不到钱，但很难赚到大钱。但若是盲从，不思考，不分析，不仅不赚钱，反而还会赔本。

长沙某条街上有一家烤鸭店，店里的烤鸭师傅有独门秘诀，烤出来的鸭子肥而不腻、香气诱人。烤鸭店老板李泉做生意也诚恳大气，从来不用残次的鸭子充好，而且服务非常周到，所以生意非常火爆。每天早上刚开门，门口就排满买烤鸭的人。因为李泉每天都是限量销售 200 只，所以刚刚中午，烤鸭就全部卖光了。

火爆的生意很快引来别人的羡慕，一些人想"既然烤鸭这么火爆，为什么我不卖烤鸭呢？"没过多久，距离李泉店铺 100 米的地方，又开了一家烤鸭店。新店开张，有优惠活动，并且很多人确实很难买到李泉家的烤鸭，所以这家店也火了起来。虽然生意不如李泉的店火爆，但是每天也是客人不断。

再后来，一些人看着这条街上的两个店都生意火爆，认为开烤鸭店非常容易，便纷纷跟随和盲从。一时间，这条街附近开了好多烤鸭店，被人们戏称"烤鸭一条街"。可是客流量是有限的，店多了，竞争者多了，每个店的收益自然就少了。更重要的是，后来盲从的那些人，只看到了烤鸭店的生意好，却没有认真想过为什么人家生意好。他们的烤鸭师傅并不出色，鸭子品质也不算好，甚至有人根本不懂得做生意，所以没多长时间，就陆续关门大吉了。

两年后，李泉的烤鸭店生意依旧火爆，每天都是顾客排队等候，且都是回头客。就算别人抢生意、客流量下降之时，他也坚持维持自己的口碑，不降低品质，不增加每天的烤鸭量，所以经受住了考验。第二家烤鸭店，其实并不是盲目跟风，而是看中李泉限量销售的缺口，根据具体情况做出的决策，自然也得到了发展。

至于那些后来者，单纯就是盲从，看见别人生意好就眼热。因为眼热，这些人失去了判断，也不屑于思考。所以，他们只能失败，赔掉本钱。退一步说，就算他们选择的项目有盈利的空间，有较好的发展，但是因为行为的盲目性、随意性，注定无法成功。

盲从只会增加我们前进道路上的风险，糊里糊涂地跟着别人"跳崖"。拒绝盲从，独立思考，有主见，有想法，并且能根据自身情况做出选择，才能打破这一失败规律，更容易获得成功。

失败者的病症：间歇性踌躇满志，　持续性混吃等死

很多失败者都患上了一种病症：间歇性努力症，表现就是在踌躇满志和混吃等死之间切换自如。这样的人有理想、有计划，也肯付出努力，可就是燃点太低，熄火也比较快。一两句成功鸡汤，几句鼓励与刺激，就可以让他们燃起激情，但是一点儿挫折、一点儿小失败就会让他们放弃，选择"躺平"。

于是，努力，然后又放弃，放弃之后又不甘心，陷入抱怨与矛盾之中，几乎成为这些人的常态，也让他们彻底沦为失败者。或许他们不愿意承认自己的失败，说"我还有梦想""我还在努力"，事实上这些只是表面上的东西罢了。有无数次的计划与目标，做了无数次的努力，可每次都坚持不了多久，也没有耐力击败这个过程中的困难、挫折，那么所有的一切都是没有意义与价值的。

人需要努力，但是间歇性努力很容易陷入"伪努力"的恶性循环。

潘瑜今年25岁，进入公司不到2年，是普通的人事专员。

刚进公司时，她告诉自己，一定要好好干，两年内得到提升。可两年时间快到了，她发现所做的工作很多很烦琐：平时查看应聘人员简历，通知应聘者前来面试，对接校园招聘事宜，以及对新员工进行培训等。工作很累，任务很多，这样的工作让潘瑜身心疲惫，大失所望，也让潘瑜也看不到未来。于是，她决定在职考研，提升自己的学历。想到就做，潘瑜买了考研书籍，在网上报了在职考研培训班。前一个月，她每天下班后就抱着参考书学习，周末还去培训班上课。可工作本来就累，再花费时间和精力在学习和上课上，潘瑜很快就支撑不住了。第二个月，每天下班回家后，她也会拿起书，告诉自己必须看完 20 页，然而没过 10 分钟，她就放下了，对自己说："今天太累了，明天再说吧！"这样的情况几乎每晚都在上演，整整一个月过去了，她连 10 页书都没有看完，之后更是没有再碰过那些参考书。至于培训班，她也是勉强上了三五节，后来就没有再去过。后来，潘瑜几次尝试在职考研，但很快就都以失败告终。

潘瑜依旧不甘心，想要换个环境，试图跳槽。她兴致勃勃地投简历，可因为工作时间不长，就算换个公司依旧是人事专员，工作性质与内容依旧没变。她怕新工作还不如现在这个，于是对自己说："算了吧，我还是先在这个公司凑合一段时间吧！"

又过了一段时间，与朋友聊天时，得知朋友升职加薪了，潘瑜的心又燃了起来："是啊！只要我努力工作，多向上司学习和请教，提高业务能力，自然也就能升职加薪了。"之后，潘瑜像打了鸡血似的每天认真工作，空闲时间时常向上司请教。上司见潘瑜积极努力，学习态度好，也不吝所学，给她建议和提点，希望她好好努力与表现。

可是好景不长，几个月后，潘瑜又偃旗息鼓了，积极性慢慢地消退，又开始厌倦工作。上班的时候，只要有空就偷懒，不是拿着手机看各种短视频，就是在茶水间、卫生间磨蹭时间。上司批评她工作不认真，没有上进心，她则在心里说："工作任务那么重，我每天都忙得像个陀螺，还怎么有上进心呢？"

时间一天天过去了，潘瑜在公司已经有四年了，可还是普通的人事专员。她每过一段时间就奋起一回，想要改变自己的现状，给自己制订目标，然后没过多久又回到原来的状态。潘瑜会成功吗？也许有这个可能。但她若总是这样的状态，那么，她的一辈子无疑将是这样——碌碌无为。

间歇性踌躇满志，持续性混吃等死，这是很多人的现状，也是很多人失败的重要原因。没有人天生能成功，也没有人能随随便便就成功。但遗憾的是，这些患有持续性努力病症的人总是抱有这样错误的想法：我想成功，有计划和理想，随随便便努努力就可以成功了！当随便努努力没有成效之后，他们就放弃了。要知道，人生就是靠努力与坚持说话的。没有努力，哪来的改变？没有坚持，哪来的成功？现实是残酷的，无法持续的努力，老是间歇性努力，就真的只能混吃等死。

从本质上说，患有间歇性努力症的人对于努力是抗拒的，骨子里有着懒惰、消极、懦弱的因子。明明不愿意努力，却做出努力的样子，营造出一种"我很努力"的错觉。当失败来了，他们会抱怨、不甘心，甚至愤愤不平，却始终忘了一点：成功不是一朝一夕的事情，努力也不应该是间歇性的，更不应该是昙花一现的。诚然人都有惰性，但只有控制住自己，专注于努力，才可以摆脱间歇性努力，扭转败局。

一个年轻人从医学院毕业后成了一名医生。虽然别人都羡慕他，但是他却不满足于此。他不想当医生，而是想要成为一名出色的作家，从小到大他的梦想就是做个作家，他为之付出很大努力。从初中到高中，他阅读了大量文学作品，从川端康成到三岛由纪夫，从巴尔扎克到屠格涅夫。

然而，他的梦想遭到了强势的母亲的反对，他只能按照母亲的意愿去学医。但是在大学里，他依旧没有放弃当作家的梦想。为了给自己的梦想一些寄托，他如饥似渴地读着那些文学作品，每天都泡在图书馆里，废寝忘食。

成为医生后，工作变得异常繁忙，他几乎没时间再看书。于是，他很沮丧，认为自己这辈子再也没有办法实现文学梦了。正当他要放弃时，摩西奶奶的故事激励了他，顿时他明白了：是啊，只要想做一件事情，什么时候开始努力都不算晚。之后，他毅然开始文学创作，尽管母亲还是不支持，尽管他的生活变得窘迫，但是他没有退缩。他努力着，专注于自己的梦想。最后，他终于成功了，成为日本著名的小说家。他就是渡边淳一，被誉为"日本文坛情爱小说第一人"。

渡边淳一是一个真正付出努力的人，他有自己的梦想，为之付出了努力，且这种努力是持续性的、常态化的。虽然在梦想实现的过程中遇到了阻碍与波折，但是他始终都努力付出着，所以，他成功了。不妨思考一下，若是他也如那些间歇性努力症的患者一般，结果会如何？显而易见，就算他再热爱文学，恐怕也无法摆脱失败的命运。

利可共而不可独，独利则败

利益是众人都渴望的。人人都想获得更多的利益，这是人的本性，也是欲望所致。恰是被欲望所激，一些人才往往想方设法独占利益，或从别人手里抢夺利益。这样的人是自私自利的，始终坚信的是利己原则，面对利益，他们唯一想到的是自己。所以，结果只有一个，那就是他成为众矢之的。

独占利益，不懂得权衡利弊，不知取舍之道，是失败的规律之一。

对于喜欢独占的人来说，蛋糕应该全是自己的，好处也应该是自己的。自己有能力，独占、多占完全没有任何问题。可吃独食看似占了便宜，其实是最大的愚蠢。在不远的将来，这样的人便会吃了独吞的苦果。

有一个山东的小伙子，聪明，有头脑，投资眼光独特，把山东的海鲜运到武汉，成为在武汉做海鲜生意的第一人。当时武汉还没有一个专业的水产市场，人们吃到的海产只有带鱼、八爪鱼等再大众不过的产品。他想着：山东盛产的扇贝、花甲等海鲜在这里是稀罕物，要是做这个生意，肯定能赚大钱。于是，他立即行动起来，以几毛钱一斤的价格收购山东海贝，然后运到武汉卖几元一斤。这个价格很便宜，所以第一批货很快被几家酒店抢购一空。

小伙子尝到了甜头，当即在一个菜市场租下摊位，与老家的哥哥合作做起海鲜生意——哥哥在山东收购、发货，他在武汉销售。短短一年时间，小伙子就拥有了很多稳定的客户，生意非常火爆，一天就能卖几千斤海贝。

生意火了，赚了大钱，有人就找上门来。山东老家的一些亲戚朋友、老乡也想跟着他闯一闯，小伙子也没有拒绝。于是，他带着一些做着发财梦的亲戚朋友、老乡来到武汉，一起在那里做生意。可是，因为海贝类产品价格上涨，再加上武汉这边产品过剩，小伙子的生意远不如之前那么好做，利润也是锐减。

竞争加剧，那些关系亲密的亲戚朋友、老乡之间开始有了嫌隙，彼此被利益与金钱蒙蔽了心灵。为了抢生意、多赚钱，人们开始互挖墙脚，抢对方的老客户，一个老乡还抢了小伙子合作许久的运输渠道。眼见被自己带出来的这些人一个个"背信弃义"，小伙子气愤不已，决定不再给他们面子。他竟然接受了一些街头混混的建议，企图利用囤货垄断整个武汉市场：到山东高价采购囤货，然后在武汉强买强卖。没想到，他们刚把货运到武汉就被派出所、工商局叫去谈话了。最后，积压在手中的几百万的高价货，压得他喘不过气，只能低价打折处理。这下，他不仅没有赚到钱，还赔了三百多万。

你认为小伙子会吃一堑长一智吗？可惜，没有。他始终认为是那些亲戚朋友、老乡害了自己，要不是他们抢生意，自己肯定能独占武汉水产市场。殊不知，这种独占的思维，再一次害了他。

眼见自己在武汉水产市场已没有优势，小伙子离开了武汉，转战长沙、桂林、广州等地，他开渔行、开餐厅，希望能继续之前的辉煌。可惜的是，他又多次失败，不管做什么生意都毫无收获，不是被同行排挤，就是被员工坑骗。他不明白，为什么自己如此倒霉？难道自己的好运就这样一去不复返了吗？

事实上，根源就在于他总是想要独占利益，贪心地想把所有的钱都自己赚了。当亲戚朋友、老乡没有侵害到他的利益时，他还愿意带他们出来，与他们一起赚钱。但是当竞争加剧，他的利益受损时，他便不甘心、不平衡了，自私贪婪的本性显露出来。为了赚更多的钱，独占市场，竟然不择手段，甚至做出违法的行为。他之后的多次失败也是因为不愿意与同行分享利益，不愿意让员工获得利益，所以他成为众矢之的，被挤入狭窄的死胡同。

幸运的是，他最后终于醒悟了。他再次回到武汉，做起海鲜酒楼的生意。因为之前的关系还在，他的酒楼很快就发展起来，一跃成为当时武汉最繁荣的海鲜酒楼。更关键的是，他不再吃独食，而是与合伙人、员工共享利益。每年，他都会拿10%—20%的收益作为奖励，分配给合伙人和员工，还将几个能干的下属吸纳为股东。

当然，这次他成功了。

曾国藩说："利可共而不可独，独利则败。"意思是利益需要共享，不能私自独吞，一心想要独占利益，必定会失败。这句话是正确的。成功之路漫长而又崎岖，与人合作是不可避免的，所以我们必须做到不贪婪、不自私，懂得与人分享利益，更要懂得平衡利弊。

独享确实可以带来更大利益，但这种获得是暂时的，还可能带来毁灭性的后果。这是一种目光短浅的行为，因为目光短浅，所以只看重眼前而忽视未来；因为格局小，所以只看重自己而忽视他人。人是群体性动物，不管是在商场、职场、生活中都无可避免地要与周围人打交道，独占只能让一个人在社会生活中举步维艰。一个人被人排挤，被人仇视，做生意能成功吗？要知道，做生意讲究的就是和气生财、你来我往。与人相处不好，融不进团队，被人不信任，职场上能顺利吗？要知道，职场最讲究互助合作！

与之相反，分享利益不仅是一种智慧，更是一种姿态。看看那些成功的人，没有一个是极端的利己主义者，反而是聪明的利他主义者。这样的人在自己获得利益时不忘分享给身边人、伙伴、对手，所以，他们往往获得的也更多。

安踏公司掌门人丁志忠有这样一段话："51% 与 49%，是父亲教给我的'黄金分割'比例。他很早就告诉我，做每件事情，都要让别人占 51% 的好处，自己只留 49%。长此以往，可以赢得他人的认同、尊重与信任。"这就是分享利益与共赢思维的体现。这是共赢的思维，更是一种长远的眼光。

因此，想要成功，就必须摒弃自私自利之心，不要妄想把所有利益都塞进自己的口袋。吸取"独利则败"的经验和教训，这样一来，你才会得到更多的信任，受到更多的欢迎，才能把路走得更宽，收获得更多。

在功劳簿上打盹？结果只能输掉

不进则退，这个规律永远管用。很多人之所以失败，是因为忽视了这个规律。通过努力，获得了成功，赢得了一些成绩，就得意扬扬或是麻痹大意了，心安理得地在功劳簿上打盹，这样只能失败。

失败的一个规律是：在过去的功劳簿上打盹。

成功只代表过去，并不能代表现在和未来。社会不断向前，世界不断变化，不及时更新，不扩大竞争，很快就会被淘汰。拒绝前进与改变，拒绝更新与创新，那就是危险中的危险。即便你是世界第一，但你停滞了，躺在过去的功劳簿上，你也会成为输掉的那个。

很多人听说过达芙妮这个品牌，尤其是女性朋友，对它再熟悉不过，或许几年前你还是它门店的常客，或许鞋柜里曾经摆着几款该品牌的鞋子。达芙妮，曾经是风靡大江南北的女鞋品牌，辉煌时期共有 2 万家销售点。谁也没想到，一代"鞋王"竟然在短时间内陷入困境，销售量一路暴跌，在消费者中的口碑也是急剧下降，甚至逐渐被人们遗忘。

达芙妮是 1988 年成立的。创始人张文仪和陈贤民预见了中国优质鞋类市场的庞大潜力，于是在福建设厂，成立了达芙妮品牌。因为设计和配色大胆，达芙妮品牌很快在市场冒头，受到消费者的喜欢与青睐。经过几年的发展，门店数量达到上千家。从 2003 年开始，达芙妮开始迅速扩张，每年新增 300 多家专卖店，最快的时候每年有 800 家新店开业。2 年后，达芙妮的销售量急剧上升，这一年卖出了 5000 万双女鞋，占据当时将近 20% 的市场份额。也就是说，当时中国大陆市场上每卖出 5 双鞋子就有一双来自达芙妮。在这一年，达芙妮也实现了上市。

后来，达芙妮还邀请明星作为旗下品牌的代言人，这再次为品牌发展加码，促使它受到消费者的疯狂追捧。经过几年的迅猛发展，到了 2012 年，达芙妮已经成为中国"鞋王"，销售额达到 100 亿港元，市值突破 170 亿港元。然而，也是在这一年，达芙妮开始由盛转衰，不仅销售额直线下降，门店也陆续关闭。2015 年及之后，短短 4 年时间，门店关闭量高达 3860 家。此外，所有产品开始疯狂打折。尽管如此，达芙妮的情况依旧没有好转，销售额持续减少，2020 年 8 月宣布彻底退出中高端品牌实体零售，关闭旗下所有其他品牌零售店，只聚焦于鞋柜、达芙妮等核心品牌。

或许有人说，实体零售业的衰落与电商的高速发展不无关系，所有行业的实体店无不受到网店的巨大冲击。这是一方面原因，我们不能否认。但是达芙妮跌落神坛的根源却在于不与时俱进，不更新，不前进，只躺在过去的功劳簿上。

简单地用一句话来概括就是：这个世界变了，市场变了，消费者变了，而达芙妮却始终没有变。一开始，达芙妮是时尚、高档的代表，后来却被成功迷住眼，在舒适圈里故步自封，不紧跟潮流，不在设计、款式上创新，使得鞋子遭到消费者嫌弃。这个世界的变化是非常快的，消费者的口味变化也非常快，一些品牌的设计与更新更快，为了跟上时尚，迎合消费者的口味，恨不得两周一上新。在这样的竞争与压力下，达芙妮的销售如何不下滑呢？

此外，达芙妮还错过了电商的风口。有人说，站在风口，猪也能飞起来。没错，很多行业的品牌因为抓住电商的风口发展迅速，成功地实现突破。然而，达芙妮却错过了。在实体门店数量与销售额占据优势的情况下，达芙妮忽视了线上销售，更确切地说是"看不起"线上销售。虽然在2006年电商刚刚萌芽的时候，它已经涉足线上销售，并且入驻了数十家线上销售平台，如果事情这样发展下去，或许达芙妮可能不会快速陨落。但是万事都有意外，达芙妮为了做线上销售领军者，与百度合作投资了一个电商平台——耀点100，并且关闭了所有的分销渠道。然而，这个项目失败了，也让达芙妮直接放弃线上销售。在管理者看来，这只是放弃了一小块蛋糕，没有什么大不了的，有实体门店的优势，达芙妮依旧能持续辉煌。

结果，从2012年起，达芙妮由盛转衰，门店一家又一家地关闭。这个时候，线上销售已经非常火爆，但达芙妮依旧没有警醒，没有做出改变。直到2014年电商时代全面大爆发，达芙妮管理者才警醒，可此时已经太迟了。

不可否认，达芙妮陨落的原因是极其复杂的，但从根本上说，就在于有成而怠，不思更新，躺在过去的功劳簿上打盹儿。

　　不进则退，是亘古不变的真理。成绩与功劳不是"免死金牌"。看看《福布斯》富豪榜，上面的富豪名单无时无刻不在变化，今天还是榜单上的前几名，明天就已经被别人远远抛在后面；今天才进了前50名，明天就已经是前三了。这些人哪一个不成功？哪一个没有成就与功劳？可他们依旧努力超越过去的自己，及时更新自我，不因成功而懈怠，不居功自傲。因为他们知道，不管之前多么成功，一旦停止前进，企图躺在过去的成绩上不思进取，那么就会后退，甚至失败。

　　袁隆平是荣获国家最高科学技术奖的科学家，被誉为"杂交水稻之父"。因为为祖国和世界做出了杰出贡献，袁隆平被授予"共和国勋章"。面对这样崇高的荣誉，他却说："被授予'共和国勋章'，是最高奖励，我们非常激动，这是对我们的最大鼓舞。"同时表示，"我不能躺在功劳簿上睡大觉，要继续努力，继续攀高峰。"就是因为拥有这样的精神，袁隆平始终工作在一线，90岁仍几乎每天都去试验田。正因为拥有这样的精神，袁隆平带领团队接连攻破超级稻亩产700千克、800千克、900千克、1000千克和1100千克的一道道难关，使得超级水稻的产量遥遥领先于全世界。

　　所以，不进不变，在功劳簿上打盹，是失败者的一个共性。现实生活中，因为不进而退的人，因为有成而怠的人，比比皆是。这也告诉我们：对于未来，眼前的成绩不管多好，只是未来的起点。若是太在意已取得的成绩，企图在功劳簿上停止前进，最终难逃失败。

冒险无底线，只能万劫不复

很多人说："做什么都得敢冒险，险冒得越大，成就也越大！""舍不得孩子套不着狼。想要安全，那么人生恐怕只能像死水一般。"确实，想要成功，却不想冒险，那是不可能的。害怕风险，做事循规蹈矩，往往会让机会白白溜走。这也是很多人失败的关键，也是失败的一个规律。

失败还有一个规律，那就是太过冒险，做事没有底线。把冒险当成金科玉律，为了成功不惜孤注一掷，或是盲目冒险，很容易万劫不复。举个例子，徒手攀岩无疑是一项有很大风险的运动，攀岩者在没有任何保障措施的情况下，攀爬那些非常危险的山峰或者岩石。事实上，这不是攀岩者被"热血"冲昏了头脑，冲动之下做出的危险行为。他们在徒手攀爬之前，通常都会带着护具攀登几十次，并且仔细地分析路径，制定攀爬方案。他们是冒险家，但不是无脑的送死者。他们是专业的、有理性的，在确保自己安全的情况下才冒这个险。

但是，若是一个门外汉看到别人徒手攀岩，自己也想毫无准备地上去挑战，或是寻找刺激，就是无底线地冒险了。冲动是魔鬼，这样的人定会为自己的冲动付出惨痛的代价。

成为失败者的原因是复杂的，但凡冒险的行为跨过一个底线，都是极其危险的。

在珠宝业有一个名词，叫"赌石"，就是用璞玉来赌玉石的好与坏。这里面有专业与经验的成分，但更大的是一种风险与挑战。在赌石市场，有一夜倾家荡产的，也有一夜暴富的。但是，人们通常只关注一夜暴富的，所以，虽然赌石的风险极大，但参与其中的人不计其数。

有这样一个人，他就是凭借赌石，成为云南首富，也成为了"中国赌石之王"，他就是赵兴龙。赵兴龙早年学习到很多关于翡翠的知识，又具有冒险精神，所以走上了赌石之路。因为他胆识过人，敢于冒险，喜欢下大注赌石，所以很快就凭此发家。2007年，赵兴龙家族登上胡润富豪榜，成为云南首富。

然而，一时的成功却蒙蔽了他的双眼，让他陷入盲目与疯狂，忘记了底线。他开始疯狂囤积原石，先后购买400多块原石，价值超32亿元。他的胃口很大，想成为超级庄家，控制着整个翡翠市场。到了2018年末，他的原石存货总值竟高达88.1亿元。

令他没有想到的是，珠宝市场开始冷了下来，买的人越来越少。巨额存货，导致赵兴龙的公司爆发了债务危机，随时面临崩塌的危险。这时候，赵兴龙想到的依然是冒险——向股市募资。这是他的最后一次机会，如果能成功，便可以挽救危机。然而，他竟然选择用不合法的办法从股市套利。失败已经是一种必然。因为合伙人操控股价被抓，赵兴龙也被波及，公司股票暴跌，连环危机爆发了：亏损、股价闪崩、违规、巨额债务……

可以说，赵兴龙成于冒险，也败于冒险。因为敢于冒险，他凭借赌石而发家，赢得了巨额财富；但也因冒险无底线，一步步把自己推入深渊。囤积巨额原石，已是逾越红线，把自己推到万丈悬崖的边缘。若是这个时候，他能谨慎一些，寻求其他稳妥的解决方式，或许还可以回头。可惜，他却把目光投向风险更大、未知性更大的股市，且采取违规的方式，这如何不败呢？

虽然说想要成功必然要冒极大的风险，但有些风险是我们必须面对的，有些风险则显然是在玩火，必将导致自焚。所以，不管做什么，我们要敢于冒险，但心中必须有一定的底线，这就是要拥有底线思维。底线思维，就是做事有底线，在头脑中拉起"警戒线"，做到不越边界、不踩红线；有前瞻意识，看眼前，更要看长远；把风险看得严峻一些，敢于冒险，但不盲目冒险，更不能把冒险当"豪赌"。

在失败学中，底线思维非常重要。它不是一种消极、被动的思维方式，也不是拒绝冒险的保守思维。拥有底线思维的人，从来不会盲目冒险，也不会孤注一掷。因为他们懂得贪婪是失败的催化剂，而没有底线是失败的助燃剂；成功需要的是胆识，而不是丧失理智。

索罗斯是金融界中最敢于冒险的人，在他看来，投资者所犯的最大错误不是大胆莽撞，而是过于谨小慎微。当然，他也采取了一系列大胆冒险的行为：1992 年，依靠个人力量，借贷资金，阻击英镑；1997 年，趁着亚洲金融危机打击港元以及东亚国家。但就算是这样的人，也绝不会毫无底线地冒险。他说："在股市投资上留有余地是非常重要的，永远不能孤注一掷，因为这会使你前功尽弃，甚至倾家荡产，万劫不复。""股票投资是一件冒风险的工作。冒险对我非常重要，它能使我兴奋起来，全身心地投入市场。但是我知道，冒险不能走极端，要留有余地，这可以避免受到重大伤害……我从不把所有的东西都拿来冒险，也绝不会冒那种可能会使我一败涂地的风险。"

他的冒险不是冲动的、不计后果的，而是经过周密、详细准备的。1987年10月19日被人们称为"黑色星期一"，全球股市在纽约道琼斯指数带头暴跌下全面下泻，引发了一次极为严重的股灾。这一次，索罗斯也没能幸免，同样受到重创。在股市即将崩盘时，他认为下跌会从日本开始，然后走向美国。但是因为日本方面采取了积极、及时的救市措施，股市不仅没有大幅度下跌，反而出现走高的情况。

美国就不一样了，道琼斯工业平均指数暴跌508点，跌幅超过20%。面对这样的危机，索罗斯没有慌乱，而是迅速采取积极应对措施，清空所有的股票。虽然损失惨重，但是与那些倾家荡产的人相比，可以说是极其幸运的。

正是因为索罗斯明白无底线的冒险会让自己万劫不复，而有底线才能获得最后的成功，所以，即便他拥有上百亿美元的资产，明知道某项投资有可能获得巨大收益，还是不忘守住底线。

冒险是对的，但千万不要没有底线。记住这个失败规律，从别人的失败中汲取经验与教训，那么在前进的道路上自然就有了保障。

第三章

面对失败，分析失败，掌控失败

成功是失败后坚持不放弃的回报

世界上的任何事物都有两面性，失败同样如此，它可以是荣耀，也可以是耻辱。当成功者讲述自己曾经的失败时，失败之于他，便是励志与奋斗的荣耀；但若是失败者抱怨自己的失败，那么失败之于他，便只是痛苦与耻辱了。

人生在世，总会有遭遇失败的时候，甚至可以说，人这一生，失败的体验往往比成功多得多。因为无论做任何事情，我们都是从生疏到熟练、从失败到成功的。学习一门语言，练习一项技能，完成一项工作，无一不是如此，从磕磕绊绊到运用自如，从一次次跌倒到安然无恙地跨越障碍。无论途中有多少次失败，只要始终坚持，走到成功的终点，再多次的跌倒，再多次的失败，都会成为荣耀的印记。

纵观古今，无数成功者的故事其实都是如此。那些失败的过往，在冲到成功的终点之后，都会成为他们人生故事中最精彩、最跌宕起伏的部分。

在电视剧《士兵突击》中有一句贯穿始终的经典台词："不抛弃，不放弃。"这也是主角许三多面对困难时的态度。

许三多出身农村，自幼丧母，父亲脾气暴躁，动辄对他拳打脚踢。在这样的环境下成长起来的他，在性格方面其实是有很多缺陷的，如自卑、懦弱，做事一根筋，为人处世不够成熟。

初入兵营的时候，因为各方面都不够优秀，而且无法跟上训练节奏，他没能进入钢七连，而是被分到红三连五班——传说中的"孬兵的天堂"。面对这样的结果，许三多最初是茫然的，他不知道自己应该怎么做，但他始终牢记着一句话："有意义就是好好地活，好好地活就是做有意义的事。"于是，他决定去修路。在这个艰苦的过程中，他不仅磨炼了自己的意志，还收获了意想不到的成果——加入钢七连。

加入钢七连对许三多来说并不是困难的终点，事实上，他的日子过得很不容易，因为他无法跟上战友们训练的脚步。大家都不喜欢他，怕被他拖累，无论是战友还是连长，都希望他能离开。然而，在这样的情况下，许三多依然没有想过放弃，凭借一股傻劲儿和轴劲儿，他一次又一次地提升自己，突破自己，最终成长为钢七连的全能标兵，名副其实的兵王。

　　饰演许三多的演员王宝强与这个角色其实有着颇多相似之处。王宝强出生在河北省邢台市一个贫寒的家庭中，童年时因为看了李连杰饰演的《少林寺》，心中便萌生了一个电影梦。

　　和许三多一样，王宝强也有着一股轴劲儿，因为心中小小的梦想，他小小年纪就开始习武，还在河南嵩山少林寺做过数年的俗家弟子。在少林寺期间，为了打好基础，练好基本功，王宝强每天凌晨四五点就要开始跑步，每周一和周二进行素质训练，文化课程同样也没有落下。这样的日子一直持续了六年。

　　20 岁的时候，王宝强怀揣梦想只身来到北京，辗转于各剧组当武行，做群众演员，不放弃任何一个可以演戏的机会。这样的坚持无疑是非常冒险的，在美人如云的娱乐圈，王宝强的外表实在太普通了，谁也不知道他的坚持究竟能否为自己迎来一个机会，创造一个未来。

　　幸好，王宝强的努力没有白费。2003 年，王宝强遇到导演李杨，并得到主演独立电影《盲井》的机会。这部电影让王宝强获得金马奖"最佳新人奖"、法国第五届杜维尔电影节"最佳男主演奖"、第四十届台湾电影金马奖"最佳新人奖"以及第二届曼谷国际电影节"最佳男演员奖"等诸多奖项，也让王宝强从一个默默无闻的武行摇身一变成了颇具潜力的新人演员。

　　2004 年，王宝强参演了著名导演冯小刚的贺岁剧《天下无贼》，本色出演了个性淳朴的"傻根儿"，给观众留下深刻的印象。2006 年，王宝强在《士兵突击》中成功塑造了许三多，并凭借这一角色获得了更多观众的认可。

　　如今，王宝强已成为家喻户晓的演员，在演艺圈占据着自己的一席之地。虽然他的生活依然不是一帆风顺，但一直以来，他都始终坚持"不抛弃，不放弃"的原则，如许三多一样，无论遭遇任何困难，都依然坚定地走着属于自己的路。

如今，人们提到王宝强不会嘲笑他的出身，也不会讥讽他失败的婚姻，因为这些他曾遭逢的苦难与失败，在满身光环的他面前，不过是奋斗故事中的一段跌宕起伏罢了，他只会被更多的人用以当作励志的典范。

生活就是如此，充满惊喜，也充满挫折与困难，而失败正是人生的主题。尤其对于那些敢于奋斗、勇于奋斗、面对困难与失败时始终坚持、不抛弃、不放弃的人来说，失败之于他们，是励志的功勋章，是通往成功的阶梯，是失败之后依然坚持不放弃的回报。

命运从来不会辜负那些拥有坚定意志、不怕被困难与失败打倒的人。一个人想要成功，未必一定要拥有聪明的头脑、过人的天赋，但必定拥有坚持不懈的精神。一个不懂得坚持的人，一个接受不了失败、面对不了失败的人，即便能够侥幸取得一时的成功，也终究无法成为最后的胜利者。

无论做任何事情，想要成功，都离不开坚持。很多时候，我们之所以无法做成一件事，并非因为我们天赋不行或运气不好，而是我们在抵达成功的终点之前，就因遭遇挫折和失败而中途放弃了。所以，如果你无论做任何事都一败涂地，或许应该好好反思一下，自己究竟有没有学会正确地面对失败，并在失败之后依旧有坚持、不放弃的精神，从而赢得命运的馈赠和成功的回报。

失败铺就的成功路

孟子说："天将降大任于斯人也，必先苦其心志，劳其筋骨，饿其体肤，空乏其身，行拂乱其所为，所以动心忍性，增益其所不能。"这段话很多人听过，甚至是倒背如流，但并不是每个人都认真思索过其中的深意。

每个人都渴望成功，不愿意失败。确实，毕竟失败的味道实在不怎么好，悲伤、沮丧、痛苦，还有一切努力都付诸东流的遗憾。然而，无数的事实也证明，失败之于成功，是必不可少的经历，那条通往成功的康庄大道，恰恰是失败铺就的。

1832年，一个失业的男人在沮丧之际，突然萌生了一个想法，他想要成为一名政治家和州参议员。这个想法听上去真是天真极了，但他真的着手去做了，并为此付出了自己的努力。

不幸的是，命运并未因此而青睐他，他的竞选失败了。一年中被打击两次，这种痛苦足以让一个人灰心丧气。但是他并没有。调理好自己的心情之后，他决定重新开始。不过一年的时间，他的生意又失败了，还欠下不少债务。之后，他花了整整17年才把债务还清。

还清债务后，他重拾心中梦想，又一次参加州议会议员的竞选，这一次他成功了。然而，就在他以为历经风雨之后终于得见彩虹之时，命运再次给了他沉重的打击，他的新婚妻子去世了。命运的重击终于击溃这个男人，他整个人都崩溃了，卧病在床六个多月。

再次从苦难中站起来后，他又继续争取，想要成为州议员的发言人，结果再次失败。后来，他相继在争取成为选举人、参加国会大选等事情上遭遇了一连串的挫折与失败。当然，命运偶尔也会给他一些馈赠，让他在坎坷的道路上得以稳步前行。

1846 年，他再次参加国会议员竞选，这一次算是成功了。在任期间，他的表现一直可圈可点，但两年任期结束后，却没能顺利争取到连任。这对他来说是一个很大的遗憾，还让他损失了一大笔钱。

之后，命运依旧不曾放弃打击他。1848 年，他申请国会议员连任，结果失败了；次年，他申请在自己州内担任土地局长，结果被拒绝了；1858 年，他参与竞选美国参议院议员，无奈落选；1856 年，他为自己争取副总统的提名，结果最后获得的选票甚至不足 100 张；1858 年，他再度参与美国参议员的竞选，依然还是失败了。

看到这里，很多人都觉得非常震惊吧，既然这条路带给他那么多的失败与挫折，是不是说明他其实并不适合走这条路呢？他是不是应该"聪明"地放弃这条路，选择能让自己更轻松的道路呢？

所幸，他从来不曾这样想过。1860 年，他成功当选美国总统，并在美国历史上刻下一个伟大的名字——亚伯拉罕·林肯。

林肯被誉为美国"最伟大的总统"，他这一生取得的成就可以说是绝大多数人无法企及的。从这个结果来看，谁能说他不适合当政治家，或者对于政治这件事缺乏天赋呢？但即使如此，在他走向辉煌之前，也确确实实经历了无数的挫折与失败，他不是小说里一路"打脸逆袭"、扶摇直上的天之骄子，而是一路跌跌撞撞，命运似乎也对他从来没有过多的偏爱，但他却用辉煌的成就证明了孟子所说的那段话："天将降大任于斯人也，必先苦其心志，劳其筋骨，饿其体肤，空乏其身，行拂乱其所为，所以动心忍性，增益其所不能。"

如果说世间有一条路通向成功，这条路必定是无数失败铺就的。任何一个真正走过失败、踏向成功的人，对此都深有体会。失败之于他们，不仅是伤害与打击，更是一种反思和总结。总结失败，往往比学习成功更能带给我们提高与进步。

每一次的失败，都能让我们更加清晰地认识到自己身上存在的弱点与缺陷，而那些懂得总结失败的人，每遭遇一次失败，都能让自己变得比过去更加优秀。人从来不是天生就优秀的，成功者也并非天生就携带着成功的基因。我们每个人身上都存在诸多的缺点与不足，最初面对人生时都只是毫无经验的"菜鸟"。我们会跌倒，会失败，会把事情搞砸，会显得笨手笨脚、笨嘴拙舌，会对未来充满迷茫，也会左右摇摆，抵御不住充满诱惑的陷阱。然而，正是一路上的失败，让我们开始正视自己身上的漏洞，开始学会有目标地补足自己身上的缺陷，从而成为更优秀的人。

失败是成功的必经之路，只有走过这条由失败铺就的成功路，我们才能抵达胜利与荣耀的终点。

失败的"失败"与成功的"失败"

失败的"失败"与成功的"失败"——看到这句话，很多人大概会觉得奇怪，失败就是失败，怎么还有"成功的失败"与"失败的失败"之分呢？事实上，即使是失败，对于不同的人，或不同的人对待失败的不同方式来说，确实是有"失败"与"成功"之分的。

所谓失败的"失败"，就是当一个人遭遇失败之后，只能从中获得负面的能量，如沮丧、痛苦、伤心等负面情绪；或就此对自己失去信心，认为自己做什么事都不行，简直一无是处；或干脆直接迁怒他人，将自己的失败归结到别人头上等。那么，这场失败对于这个人来说，就是一次彻头彻尾的失败，一次毫无意义的失败。

那么，什么才是成功的"失败"呢？回答这个问题之前，不妨先来看一个故事。

清末时期，温热派医家代表中有两位非常著名的医师，一位名叫叶天士，一位名叫薛生白。二人医术都十分高明，又都醉心于医术，所以两人关系十分好。但后来，因为一次诊病的事情，两人闹翻了。

据说，当时有一个村民找薛生白看病，薛生白帮村民检查之后得出的结论是，这个村民已经病入膏肓，药石无医了。没想到的是，这个村民才从薛生白这里离开，就巧遇了叶天士。村民正因看诊结果慌乱不已，就恳求叶天士也给他看看，没想到，叶天士看完之后却告诉村民，他的病都是小问题，只需吃几天药就行了。

叶天士给村民看诊的事情恰好被薛生白看到了，薛生白非常生气，认为叶天士这么做，是在显摆自己的本事，故意给他难堪。于是，气急败坏之下，薛生白回到家大笔一挥，把自己的书房名字改成"扫叶庄"。叶天士知道这件事情之后，也十分生气，干脆针锋相对地把自己的书房名字改成"踏雪斋"。

后来，叶天士的母亲生病，患了伤寒，叶天士非常担心，给母亲看诊后，反复斟酌了许久才给母亲开出药方。但不知道为什么，医治许久，母亲的病也不见好转，这让叶天士忧心不已。

很快，这件事就被薛生白知道了，他没有借机嘲讽叶天士，而是认真地评价道："如果是别人得这种病找叶天士看诊，他早就用白虎汤了，只是这病在他母亲身上，反而叫他畏首畏尾，不敢用。这病有里热，白虎汤正对症，虽然药性重了些，却是不得不用的。"

这话传到叶天士耳朵里。叶天士没有因为之前的恩怨就对薛生白有偏见，反而觉得他的话非常有见解。果然，在给母亲用了白虎汤之后，他母亲的病症很快就好转了。

经过这件事，叶天士认为，医术一道，博大精深，同行之间更应相互学习、共同进步，这样才能真正将医术发扬光大。于是，他主动放下身段，到薛生白家中登门拜访，两人重归于好。

对于薛生白来说，作为一个名医，自己的看诊结果被另一同行直接推翻，这绝对是一件让人感到十分挫败的事情，而且非常伤面子，也无怪乎他一怒之下和叶天士闹翻了。但即使如此，他也没有真正记恨叶天士，反而在听说他钻了牛角尖之后，特意出言提醒。

而叶天士，明明医术高超，却连母亲的病都治不好，这对他而言绝对是一个十分沉重的打击。在这样的情况下，听到与自己有怨的薛生白说的话，他也没有以恶意去揣测对方，或是迁怒于人，反而认真思索之后，听从了薛生白的建议，治好了母亲的病。更重要的是，经过这件事，叶天士终于放开胸怀，明白了虚心向人请教学习的重要性，并主动向薛生白求和，化解了彼此之间的矛盾。

无论对于薛生白还是叶天士来说，他们都遭遇了事业生涯的挫折与失败，但在这种失败的经历中，他们没有一味消沉或愤世嫉俗。尤其是叶天士，在失败的打击之后，他的心胸比从前更加开阔，思想也得到提升。这种失败就是我们所说的"成功的失败"。

经历失败之后，如果我们能够从失败的经历中总结出宝贵的经验，或是从中得到正面的启发，这场失败就是成功的。因为这意味着，我们付出的努力没有白费，从失败中得到的回报甚至可能影响我们的一生。

一次失败究竟是成功的"失败"还是失败的"失败"，关键在于经历失败的主角如何面对这场失败的经历。当我们经历失败之后就此消沉不已，或是推卸责任、迁怒于人，失败带给我们的就只是负面的东西，这场失败自然就是失败的"失败"。

但若是我们经历失败之后，能够以积极的态度接受自己的失败，从中反思自己，找到失败的原因，以及自己身上存在的缺点并加以改正，让自己成为更优秀的人，这场失败自然就是成功的"失败"，是能够帮助我们在通往成功的道路上迈进一大步的"失败"。

如果失败，那就接受

任何一个团体、组织乃至整个社会，有人成功就势必有人失败，有人排第一，就必然有人排最后。失败不过是人生的一种常态，重要的是，我们究竟能不能坦然接受失败。

在电影界，人人都知道，含金量最高的奖项就是奥斯卡金像奖，得奖可以说是对演员业务能力最大的肯定。有趣的是，很多人可能不知道，电影界还有一个非常有趣的奖项，称为"金酸莓奖"。金酸莓奖是模仿奥斯卡金像奖举办的负面颁奖典礼，如果说奥斯卡金像奖是对好作品的最高肯定，那么金酸莓奖就是对差片、烂片最大的嘲讽。

著名女星哈莉·贝瑞曾在2004年因出演烂片《猫女》而获得金酸莓奖的"最差女主角"奖项。有趣的是，就在两年之前，哈莉·贝瑞才战胜两位十分著名的女星妮可·基德曼和朱迪·丹奇，荣获2002年第74届奥斯卡"最佳女主角"的奖项。

观看过那一届颁奖典礼的观众，想必一定记得，当听到自己的名字响起时，这位新晋的影后是多么激动和不可置信，就连站上领奖台，她都无法抑制自己激动的情绪，足足哭了一两分钟才平静下来，发表获奖感言。

哈莉的激动是可以理解的，正如她在获奖感言中说的："这一刻的意义，远远超越了我本身……这一刻，属于每一位没有名字、无人记得的非白人女性，现在她们都有了机会，因为今夜，大门终于敞开。"

那一刻是如此激动人心，可谁又能想到，仅仅两年之后，这位黑人影后会站上金酸莓奖的颁奖台呢？那简直是从天堂直坠地狱一般的感受。

令人意外的是，哈莉·贝瑞不仅接受了金酸莓奖的邀请，大大方方走上金酸莓奖的颁奖台，并且还带上了自己曾经荣获的奥斯卡小金人，镇定自若地发表了一通极具幽默感的获奖感言。

在发言的最后，哈莉·贝瑞替广大粉丝们问出了心中的疑惑："为什么今天我愿意来到现场，接受'最差女主角'奖这样的奇耻大辱呢？"

随即，哈莉就给出了答案，她说道："因为在小的时候，我的母亲曾经告诉我，如果你不能输得漂亮，那么就永远也无法赢得漂亮；如果你不能接受批评，那么就永远都不会值得被赞赏。"

从天堂跌落地狱其实并没有那么可怕，真正可怕的是，自天堂跌落地狱之后，我们的心却依然高高在上，无法接受自己的失败，也不能理智、客观地看待自己的处境。

现实生活中，很多人都是如此，因为无法坦然接受自己的失败，所以总是想尽办法地推卸责任，将失败的原因归结到其他事物上，永远不肯承认自己的缺点和错误，甚至为了掩饰自身的短处，做出越来越多的错事。

人其实是一种很主观的生物，对于那些自己不接受也不认可的事情，总会不可避免地存有一种自欺欺人的态度。比如一名演员，当他的演技不被认可时，如果他不能坦然接受自己的失败，那么对于那些批评的话语，就会不可避免地抱有一种抵触心理，甚至觉得别人之所以批评自己，是因为别人的欣赏水平不行，并不是自己演技有问题。一旦形成这样的观念，这名演员在以后的表演中就依然会延续自己一贯的风格，不会做出任何改变，演技自然就不会有任何提高。

接受失败不是一件容易的事，因为这意味着，我们必须直面自己的缺点与不足。但同样也意味着，我们有机会改造自己的缺点与不足，让自己成为更优秀也更完善的人。

诚然，任何失败都不会带来美好的体验，但当失败已成定局的时候，逃避并不能让我们转败为胜。如果我们不能用坦然的态度面对失败，接受自己失败的事实，那么就永远都无法拾起重新出发的勇气。

更何况，失败本就是人生的一种常态，谁没有失败过呢？失败不意味着你就一定不行。退一步讲，即使你真的不行，逃避也是无法解决问题的，总要先找到问题，才能对症下药，把"不行"变成"行"。

所以，如果失败了，就请坦然地接受吧。只有先接受自己失败的事实，我们才能公正、客观地进行回顾与自省，在失败中找到成功的经验，从自己的缺点和不足中找到提升和进步的方法，从而让自己成为更好的人。

勇敢放弃，及时止损

设想一下，如果现在你手里有两张电影票，一张是价格比较高的 3D 电影票，另一张则是价格相对较低的普通电影票，但普通电影的口碑要比 3D 电影更好。由于两场电影的观影时间重合，只能选择看一场，你会看哪一场呢？

著名心理学教授亚科斯和布拉墨做过一个实验，他们先是说服实验对象购买了一张密歇根滑雪之旅的票，花费 100 美元。之后，又告诉实验对象，威斯康星滑雪之旅要更好玩，性价比也更高，一张票只需 50 美元，并说服实验对象又购买了威斯康星滑雪之旅的票。

过了一阵子，他们通知实验对象，说之前购买的两次滑雪之旅的票的时间恰巧重合，所以只能选择去一处。最后，大部分人选择了 100 美元的密歇根滑雪之旅，即使他们已经被告知威斯康星滑雪之旅会更好玩，但依旧还是选择了更贵的一个。

事后，两位教授采访了实验对象，并询问他们做出这一选择的缘由，大多数人的理由很一致："如果选择 100 美元的旅程，那么就会损失 50 美元；但要是选择 50 美元的旅程，可就要损失 100 美元了！"

再回到开始说的问题，事实上，在遇到那样的情况时，确实有很多人会选择去看票价更昂贵的 3D 电影，哪怕它的口碑可能不如另一部。为什么会出现这样的状况呢？亚科斯和布拉墨得出这样的结论：人们面对收益和损失的时候，损失往往更加令他们难以忍受。

确实如此。回想我们的人生际遇，你会发现，那些痛苦失败的经历，往往比那些快乐幸福的经历更让我们记忆深刻。那些充满压抑和痛苦的负面情绪，往往要比那些洋溢幸福与温暖的正面情绪更加强烈。这也使得很多人面对失败的时候，常常会因内心的不甘心，不愿接受损失，于是不肯接受自己的失败，也不懂得及时止损，结果只能在失败中越陷越深，直至毁掉自己的一生。

十几年前有一部电视剧，是根据一个真实发生的事件改编的。故事大概讲的是，一个上海姑娘，家里小有资产，她找了一个外地的男朋友。男朋友家庭出身比较贫困，但他对女孩很好，两人感情很深。所以，即使家里反对，女孩依然坚持嫁给了他。无奈之下，父母只得妥协，帮助小两口在上海成了家，买了房。

刚结婚的时候，夫妻俩感情非常好，尤其是男方，对女孩非常好，时时嘘寒问暖、端茶倒水，日子过得蜜里调油。但很快，事情就发生了改变。这改变的开始，就是女孩婆婆的到来。

婆婆是个思想非常传统的女人，属于那种"以夫为天"，推崇"男主外，女主内"思想，觉得作为媳妇，就应该处处捧着丈夫、敬着丈夫，听从公婆的话，一手包办所有家务活。总而言之，这种传统与现代的思想碰撞，使得两人之间冲突不断。尤其是婆婆，总是想着要把媳妇"改造"成自己希望的样子。

女孩从小就是父母的掌上明珠，自然不可能乖乖受婆婆的气，尤其是原本对自己非常好的丈夫，每次都站在婆婆那一边，更是令女孩感到心寒。没过多久，女孩一气之下回了娘家，甚至萌生出想要离婚的心思。

听说女孩要离婚，丈夫慌了，赶紧各种上门道歉，还对女孩重新展开追求，一切好像又回到原点。本来夫妻俩的感情就比较好，女孩生气更多的原因是婆婆，加上后来女孩发现自己怀孕了，在种种原因的推动下，女孩选择和丈夫重归于好。

但很显然，婚姻的裂缝并不会因为一次波折就被填平。平静的婚姻生活也并没能持续很长时间。女孩生下孩子之后，和婆婆之间又因孩子的教育问题再起波折。而真正让女孩陷入崩溃的，是从孩子口中听到了一句："妈妈坏。"她简直不敢相信，在自己看不见的地方，婆婆究竟给孩子灌输了些什么样的思想，这成为压垮女孩的最后一根稻草。在又一次的剧烈争吵中，丈夫向她举起拳头……现实生活中，这个事件的结局是，丈夫最终失手打死了妻子。

如果在第一次萌生出离婚念头的时候，女孩能果断离开丈夫，离开那个与自己格格不入的家庭，或许就不会发生这样的悲剧。但很可惜，在现实生活中，并非所有人都能在关键时刻做出理智的决定，尤其是在牵扯感情问题的时候，更容易将理智抛诸脑后。

其实说到底，很多时候，人们并不是完全不知道自己的处境，也不是不明白什么样的决定才是最好的。但因为不甘心，不愿意让自己曾经的付出全部"打水漂"，不肯承认自己的失败，所以总想着赌一把、搏一次，万一呢？就是这个所谓的"万一"，成了吊在人们前方的诱饵，让人在失败的路上一条道走到黑。

面对错误与失败，最好的方式不是无谓的挣扎与坚持，而是勇敢地放弃、果断地止损。南辕北辙的故事大家都知道，或许有人会调侃，地球是圆的，哪怕你坚持往南，也总有抵达北边目的地的一天。问题是，我们有多少时间和生命去虚耗呢？何必为自己的一点儿不甘心而赔上一生呢？

失败与错误都是客观存在的事实，不是只要不承认，就能当它们不存在。即使再视而不见，失败与错误所带来的伤害依旧会一点儿不少地施加在我们身上。越是不甘心，越是不愿意面对，这些伤害就会变得越来越多、越来越深。

所以，请记住，当你发现自己已经走在一条错误的道路上时，勇敢放弃和及时止损才是正道。坚持不懈是一种美德，但不是所有的坚持都值得。

失败是排除隐患的最佳手段

很多人玩过迷宫游戏。面对错综复杂的道路，绝大多数人很难一次就选中正确的道路。通常来说，我们都会先依靠直觉，随便选择一条路，走到死胡同之后，再重新退回，寻找另外的道路。在下一次尝试时，我们就会自觉避开走过的"错路"，一点点修正自己的方向，直至走出迷宫。

现实生活中，我们做的很多事情其实都是这样的。刚开始的时候，谁也无法预料自己的选择究竟是对是错，会带来怎样的结果。我们在做出一个决定或选择的时候，会有自己的考量，也会受直觉的影响，甚至还可能存在一种"运气"的成分。

失败的结果其实好比在迷宫游戏里选错路一样，看似前期投入的时间与精力全部白费了，但实际上，这些失败的选择不能说是毫无意义的。

每一次我们经历的失败，都会成为宝贵的经验；每一次错误的选择，都会帮助我们排除成功路上的诸多隐患，让我们在下一次从头再来时，能够蓄积更多力量，发挥更大优势，做出更明智的选择。

但可惜的是，很多人在遭遇失败之后，并没有学会从中总结经验。有的人在失败之后，收拾好情绪后就把失败抛诸脑后，下一次依然会在同一个地方"跌倒"；有的人则是在失败过后，就产生了失望或畏惧的心理，直接走向另一个极端，彻底放弃再去做同样的事情。

著名小说家马克·吐温想必大家都了解，他在文学方面的造诣是毋庸置疑的，但很多人可能不知道，他在投资方面实在没有天赋。

作为一名优秀的作家，马克·吐温拥有一颗非常感性的心，这也注定他实在不适合走投资的道路。但偏偏，投资又是马克·吐温在业余时间最爱干的事儿。对马克·吐温来说，投资不仅仅是为了赚钱，他更希望自己能够发现一个伟大的东西，一个可以革新整个时代的东西。正因如此，他对发明家们发明出来的新东西一直十分感兴趣，并投入大量金钱作支持。

19世纪70年代，马克·吐温为查尔斯·斯奈德发明的一种叫作Kaolotype的新技术投资了4.2万美元，并深信查尔斯·斯奈德所说的，这项技术将会在插画和雕刻行业引发一场震动。为了实现这一愿景，马克·吐温还在曼哈顿资助了一个研讨会，甚至不曾对这一技术的最终完成规定任何期限，可以说给予了查尔斯·斯奈德最大的信任和自由。然而，最终的结果却是令人失望的。这项技术没有起到任何作用，马克·吐温的投资当然是血本无归。

这件事对马克·吐温的打击非常大，甚至让他由此迁怒到其他"发明家"的身上。因此，当他的朋友约瑟夫·罗斯威尔将军邀请他前去听一位年轻发明家的演讲时，马克·吐温果断拒绝了。

他声称，自己已经"不想再和未经证实的猜测有任何瓜葛"。甚至在之后，这位年轻发明家想要用极低的价格将股票卖给马克·吐温时，也遭到了他无情的拒绝。

那么，这位年轻的发明家到底是谁呢？他有一个举世闻名的名字——亚历山大·格雷厄姆·贝尔，就是电话的发明者。是的，马克·吐温就因为受上一次失败经历带来的负面情绪影响，一气之下错过自己一直在寻找的、能够给整个时代带来革新的伟大发明。

错误与失败都是人生中不可避免的事情。当遭遇错误与失败的时候，我们真正应该做的，是理智客观地面对失败、分析失败，从而找到使我们遭遇失败的缺陷与隐患。这样，在下一次面对同样的事情时，我们才会知道，应该注意什么、规避什么、选择什么，从而尽可能地排除导致失败的负面因素，提高成功概率，这才是失败带给我们的最重要也最宝贵的东西。

我们每个人身上都有缺陷与不足，而这些缺陷和不足在特定的情况下便可能让我们的生活陷入困境，成为导致我们失败的元凶。这个世界上，没有任何人是完美的，但我们可以通过努力和克制，让自己变得越来越优秀。那些失败的经历，实际上正是帮助我们发现自身缺陷并排除隐患的最佳手段。重要的是，我们能否用正确的态度和思维面对失败，接受失败，并分析失败，从而提取到失败中隐藏的真正宝藏。

所以，永远不要惧怕失败，每一次失败都是一次淬炼自我的机会，而每一次淬炼都将让我们离成功更进一步。

化失败为创造

这个世界上，没有任何东西是绝对的，包括成功与失败。成功者可能从天堂坠入地狱，失败者同样也有一路逆袭的可能。因此，成功后不必沾沾自喜，失败了也无须羞愧、痛苦。成功与失败，只不过是人们在生活中遭遇的两种不同状态罢了。

一位哲学家说过这样一段话："人这一生免不了会遭遇失败，当失败降临的时候，最好的方法就是阻止它、克服它、扭转它，但多数情况下，我们所做的一切都无济于事。那么，不妨换一种思维和智慧，设法让失败改道，将大失败化为小失败，甚至在失败中找到成功。"

可见，成功与失败之间的界限其实没有那么明显，成功中可能蕴藏失败的伏笔，失败里也可能发掘出成功的契机。重要的是，获得成功或遭遇失败时，我们能否依旧保持清醒的头脑和清晰的思维，冷静客观地面对。只有这样，我们才能在成功时避免因一时大意而"翻船"，在失败时及时找到潜藏的机会和逆袭的关键。

买东西自然要挑好的买，坏的、有瑕疵的东西不过是失败品，没有任何价值——这是很多人都知道的"常识"。但美国一位收藏家却颠覆了这个众所周知的"常识"，他叫诺曼·沃特。

在收藏界，成功的作品和失败的作品的身价简直是天渊之别。一件成功的作品会让无数收藏家趋之若鹜，不惜千金收入囊中；而一件失败或者说失常的作品往往无人问津，更别谈什么身价了。

面对这样的状况，诺曼·沃特却萌生出一个十分与众不同的想法：为什么不试着收藏一些失败的劣画呢？

这听上去似乎很不可思议，失败的劣画有什么价值呢？即使它们非常便宜，但只要无人问津，不就意味着毫无价值吗？但诺曼·沃特不仅这么想了，而且真的将这个想法付诸实践了。

当然，虽说是收藏劣画，但诺曼·沃特也并非来者不拒。他收藏的劣画主要有两种：一种是名家们的"失败之作"；另一种则是价格低于 5 美元的不知名人士的画作。

诺曼·沃特收藏这些失败的劣画不只是心血来潮，事实上他心中已经早有计划。在收藏了二百多幅劣画之后，诺曼·沃特便放出消息，声称自己将会举办一场劣画大赛，让那些喜爱美术的年轻人可以从前辈们的失败之作中汲取经验和教训。

或许是好奇心的驱使，或许是确实希望能从中得到一些启发和经验，诺曼·沃特的劣画展览的确引起诸多人的兴趣，一时之间，风头无两。画展举办的时候，更是有无数人前来参观，甚至还有不少人是专程从外地赶来的。

无独有偶。美国一家市场情报服务公司的经理罗伯特也有着和诺曼·沃特一样"奇葩"的想法。他同样是个喜欢收藏的人，但他的收藏品非常特别，是一些所谓的"失败产品"。他的收藏多达 75 万件，数量实在惊人。

那么，他是如何处理这些"失败产品"的呢？

他创办了一个"失败产品陈列馆"，将这些企业以及个人费尽心思研制出来，却又因为种种影响被划定为"失败品"的产品展示出来，让人们观看。这个特别的陈列馆开馆之后，同样受到人们的热烈欢迎。有的人是因为好奇而前往参观，有的人则是希望能从中获得灵感或教训，以防将来自己犯下同样的错误，从而规避失败的风险。

无论是诺曼·沃特收藏的劣画，还是罗伯特收藏的"失败产品"，从其本身的特质和价值来说，显然都是失败的，但经过诺曼·沃特和罗伯特的突发奇想，它们都以创造性的方式实现自己的价值，甚至创造了远超自身的价值。

失败从来都不是一无是处的东西，它就像一座开放的学府，以另类的方式向人们阐述了成功的真理。甚至从某种层面上说，学习失败往往比学习成功能让我们获得更多的东西。因为缔造成功的因素实在太多，在学习别人的成功时，我们不可能拥有和别人完全一样的条件或契机，因此成功往往无法复制。但失败不同，导致失败的原因有很多，任何一条都可能帮助我们发现自身的缺点和短处，从而使我们获得提升和进步。

所以，不要害怕面对失败，也不要因失败带来的负面情绪就完全否定它。要知道，每一次的失败中，或许都潜藏着成功的密码。只要能解开这个密码，我们就能化失败为创造，获得意想不到的惊喜。

失败是路标，终点指向成功

学习写字的时候，家长总会在一边提醒："坐直，不要趴着，握笔的姿势不对，手指不要那么用力，手腕抬起来……"

练习跳舞的时候，老师总会在一边提醒："腿再抬高一点儿，下巴往回收，不要挺着肚子，把腰提起来……"

……

不管做任何事情，我们都是这样一步步从生疏到熟练，从失败到成功。一开始连握笔都握不好，到最后笔走龙蛇，行云流水；一开始连姿势都不会摆，到最后摇曳生姿，舞姿绰绰……这个过程充斥着无数次的错误与失败。正是这些错误与失败，一点点指引我们将正确刻入骨髓，从而将一项技能掌握得炉火纯青。

人生就像广袤无垠的平原，蕴藏着无限种可能，也遍布着迷茫与未知。失败就是草原上竖起的路标，每一次经历失败之后留下的痕迹，都让我们的前路变得更加清晰，让我们更加清楚地知道前路究竟通向何处。

他出生在法国瑟尔堡一个颇有名望的资本家家庭，父亲经营着一家造船厂，家里经济条件十分优渥。从小他就受尽万千宠爱，父母对他更是有求必应。虽然和所有父母一样，他的父母也期盼他能成为人中龙凤，但却始终没有狠下心管教过他。就这样，在父母的纵容与溺爱之下，他毫不意外地成了一个娇生惯养、游手好闲的纨绔子弟。

他没有目标和理想，也没有雄心壮志，却偏偏自视甚高。英俊的长相和优渥的家庭条件都成为他沾沾自喜的资本，而具备这些条件的他，也确实吸引了瑟尔堡不少年轻漂亮的姑娘。他就这样一直浑浑噩噩而又骄傲自大地活着，直到那一天，在一场再平常不过的午宴上，一个改变他命运的契机出现了。

那是瑟尔堡上流社会举行的一场宴会，和平时没有什么区别。正百无聊赖之际，他的目光突然被一个陌生的姑娘吸引了。那是一个他从未见过的女孩，美丽端庄，气质斐然。面对这样一个吸引了他目光的姑娘，他没有像其他情窦初开的年轻人一样手足无措，而是怀揣强大的自信，潇洒地走到姑娘面前，直接向她伸出手，说道："可以邀请您共舞一曲吗？"

然而，姑娘却好似完全没有看到他一般，既没有伸出手，也没有搭理他。他有些疑惑，但一直以来的自傲让他认为，自己是不会被任何一个姑娘拒绝的。于是，他更靠近了姑娘一些，再次向她发出邀请。

这一回，姑娘的目光终于落到他身上，但那眼神中却没有他所以为的欣赏或羞涩，而是满满的不屑一顾。事实上，这位姑娘确实对他非常不屑一顾。毕竟他在瑟尔堡的种种劣迹，姑娘早有耳闻，对于这样不学无术的纨绔子弟，她实在不想与之为伍。于是，姑娘冷淡地对他说道："请您站远一些，我实在不愿意和您这样不学无术的花花公子待在一起。"

姑娘的拒绝让他大为吃惊，一直都活得顺风顺水的他第一次体会到挫败的滋味，随之涌上心头的，是无尽的羞愧与苦涩。尤其当他得知这位美丽的姑娘还是位身份高贵的女伯爵时，更是羞愧得无地自容，曾经的威风和傲气像响亮的耳光一般，狠狠打在他的脸上。

这一次的挫败如当头棒喝，让这个娇生惯养的年轻人开始第一次认真思索自己的人生。最终，他毅然决然地留下一封告别信，离开这个一直为他遮风挡雨、将他保护在温室中成长的家，决心一定要闯出自己的一番天地。

怀抱这样的决心，他来到里昂，为自己找了一位老师。经过两年的刻苦学习，他顺利考入里昂大学。之后，他投身科学，一心从事研究工作，在无数次的实验中发现了格式试剂，被授予博士学位，并因其伟大的贡献，在1912年被瑞典皇家科学院授予诺贝尔化学奖。他就是伟大的法国化学家维克多·格林尼亚。

在遭遇人生的第一次挫败之前，格林尼亚从未思考过自己的人生应该走向何方，自己的生命该有怎样的意义。那时候的他如同站在生命的荒原上茫然四顾的孩子，看不清前进的方向，也不知道该怎样前行。直至遭遇了人生的第一场挫败，在姑娘毫不留情地批判下，他终于意识到自己身上存在的问题，并在认真思考之后，真正踏出属于自己人生的第一步。

这次失败之于格林尼亚来说，就如他漫无目标的生命中落下的第一个路标。有了这个路标，他才终于知道自己应该向着什么样的方向前行，朝着什么地方迈出自己的脚步。一个不学无术的纨绔子弟，在短短时间内就蜕变成为优秀的"学霸"，可想而知，在这个过程中，格林尼亚遇到了多少次的挫折与失败，付出了多少的汗水与努力。但正是这一次次的失败，成为他生命路上的一个个路标，而这些路标的终点都指向一个共同的地方，那就是——成功！

人生有很多条路，每个人都能自由选择自己想要前进的方向，只是这些路有的通向远方，有的却只会将我们带入死胡同。可很多时候，我们不知道自己所选择的路究竟会走向哪里。在摸索前进的过程中，我们有时会选择错误，有时会误入歧途，而每一次的错误所带来的失败，最终会变成指引我们前进的路标。只要我们继续勇敢向前，这些失败铸就的路标终将指引我们走向属于自己的成功。

第四章

犯错并不丢脸，失败并不可耻

丢脸的不是失败，而是不能正视失败的人

世界上的绝大部分人不能正视自己的失败。遭遇失败的时候，他们会找借口，推脱责任，想方设法地证明这次失败并非自己能力不足，而是种种客观因素干扰，或者是发生了意料之外、人力所不能及的状况。那么，有谁不知道你失败的原因是什么吗？又有谁在乎你究竟是因为什么失败的吗？

的确，人们偏爱成功者。迎接成功者的是鲜花与掌声，是赞

美与传颂，是丰收与喜悦，而迎接失败者的是什么呢？迎接失败者的，往往是空无一人的终点线。除了失败者自己，很少有人在乎失败者是什么情况。如果还有人在乎失败者的感受，忙着痛打落水狗，就说明你还是有能力的，对竞争者有威胁，还没有完全失败。

真正丢脸的不是失败，而是不肯正视自己的失败。世界上没有人不曾遭遇失败，即便被人们当作榜样的企业家、科学家、政治家，也曾有遭遇滑铁卢、马失前蹄的时候。但这并不妨碍他们的伟大，人们在提到这些人的时候也不会先想到他们是怎样失败的，他们失败的时候丢不丢脸。因为他们的失败只是暂时的，这些失败并不妨碍他们的成功，甚至已经成为他们成功的养分。只要最后能够成功，之前的所有失败就都是值得的。

一个年轻人，他在很小的时候就有一个梦想，那就是成为一名优秀的赛车手。他曾经在军队服役，做了一段时间的卡车司机，练就了熟练的驾驶技术。退役之后，年轻人到一个农场里工作，依旧在做卡车司机。工作之余，他参加了一支业余赛车队。只要碰到比赛，他都会不顾一切地去参加。因为一直得不到好的名次，所以他通过赛车获得的收入几乎为零，还欠下了许多债务。

一次，在威斯康星州的比赛中，年轻人很有希望获得一个好的名次。比赛进行得很顺利，到一半的时候，他已经排在第三名的位置了。就在这个时候，事故发生了。前面的两辆赛车撞在一起，年轻人拼命转动方向盘，想要绕开他们，但车速实在太快，他没能成功转向，撞到车道旁边的墙上。赛车开始燃烧。当年轻人被救出来时，他的全身烧伤面积高达40%。经过7个多小时的抢救，医生才保住了他的性命。

虽然年轻人的性命保住了，但他的双手却在这次事故中被严重烧伤。医生说，他这辈子都不能再碰方向盘了。医生的话并没有让他震惊多久，因为他还有梦想，他不能放弃。经历数次植皮手术以后，年轻人开始尝试做一些恢复训练。他每天都要抓木块进行练习，即便疼得满头大汗，也不曾停下。最后一次手术之后，年轻人又回到农场，用开推土机替代抓木块做恢复性的训练。没多久，他的手上就磨出一层厚厚的老茧，他又开始练习赛车技巧。

短短九个月后，年轻人报名了一场比赛。这是一场公益比赛，由于他的车在中途熄火了，因此没有获得胜利。两个月之后，他又回到之前发生事故的赛场，用出色的表演征服了其他选手和观众。几乎没人能相信这个年轻人就是之前出了事故的那个，他受了那么重的伤，居然还能夺得冠军。

年轻人站在领奖台上，流下了眼泪。他的努力，他的付出，他的不放弃，终于在这一刻开花结果。比赛结束之后，他被记者们团团围住。几乎每个人都想知道，在遭受了那样沉重的打击后，他是靠着什么振作起来的。年轻人没有说话，只是在比赛海报的背面写下这样一行字：把失败写在背面，我相信我一定能成功。这位年轻人，就是美国传奇赛车手吉米·哈里波斯。

吉米遭遇的失败险些彻底毁掉他的人生。但是，他没有沉湎于失败之中，更没有将剩下的人生用来抱怨不公的上天，而是始终坚持自己的梦想，把失败的经历变成前进的动力。

勇敢地面对失败，正视失败，才能正视自己。每次失败都是有原因的。的确，有些失败我们无法避免，遇上了只能抱怨一下命运的不公。但是，绝大多数失败不存在不可抗力。所谓的意料之外的情况，只不过是准备不足。所谓发展与计划出现偏差，无非是自己的能力不够。

　　从哲学上说，人不可能两次踏入同一条河流。但从失败学上说，如果不能正视失败，那么人将无数次倒在同一个地方。不正视失败，将失败归咎于天灾人祸、不可抗力、他人的过错、客观环境的变化，那么不管经历多少次失败，主观行动上都不会做出大方向上的改变，那么，迎接你的将是一次又一次、无比相似的失败。许多真正意义上的失败者都是这样的。他们认为自己被命运女神抛弃了，认为自己一次又一次相似的失败都是时运不济。殊不知，只要他们肯承认自己的失败，肯改变自己寻找成功的方式，就能够更接近成功。

　　失败不丢脸，但如果不能正视失败，你就会一次又一次地迎接失败，直到你失去所有的筹码，失去所有的资本，失去所有的意志和精神，最终放弃寻找成功。这时候，你的真正失败者的身份就被盖棺定论了。不肯正视失败，不肯回头改变自己，才是真正的丢脸。

还有下一次从头再来，
失败就不是失败

西西弗斯是希腊神话中的人物，大诗人荷马称其为人世间最聪明、最足智多谋的人。他为自己的国家要来了一条四季长流的河流；绑架了死神，让人世间再没有人死去；欺骗了冥后，从冥界逃出，重新生活在美丽的大地上。最后，神明给西西弗斯的惩罚是，把一块巨石推到山顶，然后让巨石从山上滚下，每天周而复始，重复着无意义的工作。

众神对西西弗斯的惩罚无疑是残酷的，西西弗斯在希腊神话中也是"悲剧英雄"。但无可否认的是，西西弗斯一直在努力，从未停止过。有人认为西西弗斯将石头滚上山顶是毫无意义的，但也有人认为，西西弗斯是人类本性的代表。

人类的本性，就是力争上游，就是不断寻找更好的前方，完善更好的自己。那么，不断前进就成了能进步、能让自己受得更好的基础。

成功不是一件容易的事情，失败者们的原因各不相同，而成功者身上所具备的素质却非常相似。正确地面对失败，仅仅是这一件事情，就能说明很多问题。

　　愿意为力争上游而不断努力，是成功者必备的资质之一。不想超过别人，不想在竞争中获胜，又怎能成功呢？许多年轻人放弃了力争上游，选择了躺平，这其实是一种无奈的选择。那些选择躺平的人，觉得自己的努力是无法取得收获的，付出与回报不成正比。这是一种让生活安逸的选择，但却不是一个想要成功的人做出的选择。通往成功的道路上，99%的努力都可能与回报不成正比，但只要能成功，那一刻的收获会是你付出努力的几十倍、上百倍，得到的会比你想象的更多。

　　愿意从头再来，象征着有孤注一掷的勇敢。不管做任何事情，都没有百分百成功的道理。如果有人说投资某个项目，在某个领域创业，百分百可以成功，百分百可以赚钱，那你一定要擦亮眼睛：摆在面前的一定不会是机会，更有可能是陷阱，或者是骗局。因此，在你有超过一半的成功率或者更高的时候，就已经是难得的机会了。面对机遇，敢孤注一掷的人才有成功的可能，而不敢孤注一掷的人，也许永远都不会成功。

　　我们不是说要去赌博，但哪一次成功没有赌的成分呢？横扫六国的秦始皇有百分之百的把握吗？创立阿里巴巴的马云就知道自己一定能成功吗？埃隆·马斯克在创立SpaceX的决定时难道就不是一场豪赌吗？一定的成功率，孤注一掷的勇敢，加上不懈的努力，造就了这些成功者的辉煌。如果没有孤注一掷的勇敢，又凭什么抓住机会呢？更别说你身边还有无数的竞争者，你止步不前，对方就会冲上去，夺走原本属于你的成功。

　　音乐界的李娜和龚琳娜同样有高超的演唱技巧，同样在攀登音乐高峰的时候遭遇了失败。而她们的不同之处在于，李娜的嗓音条件非常优秀，但缺少一定的辨识度。龚琳娜嗓音的辨识度很高，但嗓音条件不够出色。这些问题是天然的不足，如果她们不根据自己的特长发展，李娜一定要去和别人比拼声音的辨识度，龚琳娜一定要挑战更好嗓子才能演唱的歌曲，那么她们追求成功的道路就会变得更加曲折。正是因为她们认识到自己的问题，不打算强行朝自己不擅长的方向发展，才会有今天的成就。

认识到自己的失败，把扬长避短当成正确的道路，才是她们把自己的才能挖掘到极限的原因。李娜选择把戏剧、声乐技巧加入自己的演唱，让自己的声音更有辨识度，于是诞生了《青藏高原》《嫂子》《苏武牧羊》等经典作品。龚琳娜则在自己纤细的嗓音中加入许多高音做包装，把经典的《小河淌水》进行了全新的诠释。她独特的风格征服了听众，赢得了"昆山玉碎凤凰叫，芙蓉泣露香兰笑"的美誉。

失败，有时候是你的问题，但不是你的错。面对这种失败，要有推倒重来的勇气。世界上有近80亿人，而完全相同的人是没有的。其他人成功的道路，未必就适合你。

苏洵是宋代著名的大学者、大文豪。他年轻的时候，喜欢游山玩水，仗义疏财，喜欢过一人一剑走天涯的生活。他想要成为一个游侠般的人物，但并没有成为郭解、剧孟、鲁仲连这样的人物。虽然他之前也读过些书，认识些字，但真正开始发奋的时候，已经27岁了。这个年纪参加科举的确不算太老，但发奋读书，至少比其他人晚了十几年。他有推倒重来的勇气，因此找到了正确的道路。他的策论精妙绝伦，还是白身的时候就已经受到张方平、欧阳修等朝廷重臣的认同。

试想，如果苏洵在游侠之路上失败了，却不肯放弃，还是坚持做一名仗剑走天涯的游侠，那么，中国古代就少了一位大文豪，唐宋八大家就会少了苏洵这样一位人物，苏氏父子也会变成苏氏兄弟，历史就少了那么一抹惊艳的色彩。

面对失败，敢于从头再来，这就意味着要将你之前建设的楼阁完全推倒，另起高楼，但这不代表你之前所做的努力完全白费了。走过一段路，即便这条路不适合你，即便它最后是一条死路，路边的风景，路上的感动也都能成为你的收获。他山之石，可以攻玉。你在错误的道路上收获的东西，在你回到正确的道路上时往往会让你事半功倍。

海底捞创始人张勇，创立海底捞之前已经失败好多次了。他当过电焊工人，摆过地摊，开过小餐馆。最后，他和朋友凑了8000元，合伙开了一家海底捞火锅店。海底捞成功的窍门是什么？海底捞是餐饮业，人们往往将它的成功归于风味，其实，海底捞成功的窍门不是风味，而是服务。

张勇第一次开饭馆，开的是一家当地比较少见的麻辣烫。他手头没有秘方，餐品的口味很普通，但周到的服务弥补了口味上的不足。开业之后不久，这家小小的麻辣烫店生意就火爆了起来，甚至让他成为当地有名的"万元户"。如果不是因为谈恋爱，餐馆经营不善，或许世界上就没有了海底捞，而是多了一家麻辣烫的连锁店。

张勇失败以后，开始四处寻找合适的配方。但他后来彻底抛弃了麻辣烫，和几个朋友凑钱开了一家火锅店。开麻辣烫店的经历让他知道了服务有多么重要，再加上合适的配方，海底捞火爆了起来，甚至将他送上2020年新财富富豪榜第十名的位置。

　　我们能说开海底捞是张勇的第一次成功吗？显然不是，他的第一次成功应该是开麻辣烫店。麻辣烫店之所以能成功，完全得益于他在社会上摸爬滚打、摆地摊时学到的与人相处的方式。全盘推倒之前的事业，投入一个未知的领域，这就是勇气。过去的经验，成为新事业的养分，从摆摊到开麻辣烫店，再从开麻辣烫店到开海底捞，这就是一个养分不断传递的过程。

　　你努力的过程，就好像西西弗斯把巨石推到山上的过程。你失败的时候，如同西西弗斯推的巨石从山上滚落。你可以彻底放弃，也可以从头再来，就好像西西弗斯一样。在我们现实的生活里没有用残酷手段惩罚你的神明，只要不放弃，一次又一次地将巨石推上去，早晚有一天，你会把巨石推到山巅，在那属于你的山巅上，品尝只属于你的成功果实。

悲观者未必失败，乐观者未必成功

乐观与悲观是两种截然不同的人生态度。在人们眼中，乐观者比悲观者更加积极向上，更有动力，拥有更强的抗压能力。存在以上种种优势，乐观者自然比悲观者更容易成功。但是，这种观点是错误的。

霍金从小就对科学与自然有着非凡的兴趣。上了大学，他开始寻找一个能够解释宇宙万物的理论，并沉迷于思考宇宙种种谜题的答案。他把寻找这些答案当成自己人生的意义，当作自己的终极目标。

21 岁时，一个惊天噩耗降临在霍金的头上，他患上了肌肉萎缩性侧索硬化症。这是一种不治之症，任谁得知自己患上这样一种病症的时候，都会难以避免地陷入消沉，霍金也不例外。特别是在他住院的时候，目睹同一病房内的男孩在短短几天内就死去，这让他内心的绝望达到一个顶点。但绝望过后，霍金清醒了过来，相比那个死去的男孩，他还活着，他并不是那个最悲惨的人。虽然他的身体很虚弱，但他的头脑却非常健康、非常强大。

有了坚定的信念，病痛对霍金的影响越来越不明显。他把所有的精力都投入自己未完成的研究之中，每天过得非常充实。同时，他学着独立生活，自己照顾自己，不让自己成为他人眼中的残疾人。对此，霍金是这样说的："一个人的身体残疾了，绝对不能让精神也跟着残疾。"正是在强大精神力的支持下，霍金在今后的人生中，六次从死神的手中逃走了。

一次，霍金演讲结束后，一位女记者激动地冲到台上问霍金："病魔已将您永远固定在轮椅上，你不认为命运让你失去太多了吗？"霍金艰难地笑出来，用他还能活动的3根手指在键盘上做敲击动作。随后，屏幕上显示出几行字："我的手指还能活动，大脑还能思考，我有终生追求的理想，有爱我和我爱的亲人、朋友……"短暂的停顿以后，他继续用很不灵活的手敲打下一句话："对了，我还有一颗感恩的心！"现场顿时爆发出雷鸣般的掌声。

有人觉得霍金是个乐观主义者，也有人觉得霍金在人生中最后几年发表的言论说明他是个悲观主义者。其实，当你全面观察霍金之后，会发现他其实是个悲观的乐观主义者。他对人类当前种种盲目的行为，以及当前科技的发展水平持悲观态度，但是却对人类未来持乐观态度。其实，不管是悲观主义者还是乐观主义者，都有自己的优点，成功并不完全被悲观主义或乐观主义所束缚。

首先，乐观主义者相对于悲观主义者不会更有动力。人的动力并不像人们想象的那样是以积极向上的乐观精神为源泉的。实际上，乐观与行动力没有直接的联系。乐观主义者是积极向上的，他们从任何地方都能看到希望，看到机会。只要看得到希望，只要有机会，就会产生行动的欲望。

紧迫感、压力甚至焦虑，都能转化成悲观主义者的动力。他们总是觉得背后有什么在追赶。他们觉得如果事先没有做好足够的准备，将要实施的计划就会一败涂地。今天天气不错，谁又能保证明天的天气还好呢？即便天气预报说了明天也是好天气，那么后天突然降温，我再采取行动真的来得及吗？这些问题对于他们来说是痛苦的煎熬，但毫无疑问也是鞭策他们不断前进的动力。只要没有绝望，还有自救的可能，悲观主义者的行动力完全不比乐观主义者逊色。

其次，乐观主义者比悲观主义者更容易满足。人类之所以不断前进，最有分量的因素就是欲望。人们讨厌欲望这个词，认为欲望是一种坏的个性。实际上，失去欲望的族群，是不可能生存下来的。

根据英国生物学家查尔斯·达尔文提出的进化论，世界上的生物都在根据自身所处的环境、自己的需求不断进化。生物的力量在大自然的面前是极为有限的。当大自然发生变化的时候，我们只能去适应它。当天灾来临的时候，我们只能用了解到的知识让大自然对抗大自然。世界上的生物为了适应环境而不断变化着，人类也是如此。

不过，人类的变化远比其他生物来得更大、更快。这主要是因为人类想要得到更多。当人类不满足于依靠山洞遮风挡雨的时候，房屋就出现了。当人类不满足于食用生冷、难以消化的食物时，烹饪的方法就出现了。当人类需要更快、更省力地获得自然资源时，各种工具就出现了。人类发明种种物品，不是为了生存，而是为了生活得更好。正是这种欲望，让人类成为地球上的主宰。

乐观者相对悲观者更容易满足。当他们取得一定成绩以后，就会慢慢放下心来，放慢前进的脚步。面对困难的时候，他们也是在做好适当的准备之后，就会觉得已经足够。悲观主义者不同，他们有着更加强烈的忧患意识，更害怕迎来的结果是坏的。

最后，不管是悲观主义者还是乐观主义者，能否继续前进、获得成功，都要依靠强大的意志力。之所以强调悲观主义者不比乐观主义者逊色，是因为当前社会为悲观主义者打上了太多不恰当的标签。

悲观主义者之所以悲观，是因为发现这个世界并不能让他们满意，他们对自己的未来、对人类的未来并不满意。想要获得一个让他们满意的世界，他们只有拿起手中的工具、武器，砸碎这个旧的世界，创造一个新的、让他们满意的世界。乐观主义者则永远不会失去希望，不管面临怎样的绝境，他们都相信胜利就在不远的前方。

如果你是个乐观主义者，请不要因为暂时的阶段性的胜利放慢脚步，更不要因为取得了成绩就心满意足。保持欲望之心，保持对成功的渴望，这才是不断前进的法门。如果你是个悲观主义者，千万不要绝望。人生很长，哪有什么不可能被改变的东西呢？即便有，只要人还活着，就有从头再来的可能。任何困难都是暂时的，都是可以战胜的。即便失败，也不过是人生路上的一颗绊脚石而已。

失败其实是不一样的成功

事物存在两面性，这种两面性无处不在，看似相对，但其实相互依存，如同光与影一样，没有了光，也就没有了影子。成功与失败，同样是一体两面，没有成功也就没有失败，没有失败也就没有成功。

1916 年，正值第一次世界大战，英国受困于材料限制，生产的枪支枪膛总是磨损，不能正常使用。英国科学家亨利·布雷尔利接到英国军方的任务，需要他研制一种高强度、耐磨的合金，以解决枪膛磨损的问题。

布雷尔利和他的助手们搜集了他们能够找到的几乎所有英国国内生产的钢材与合金，并在不同的机械上进行了大量实验，再将这些钢材运用到枪支上，看看哪种钢材能帮助他们完成英国军方的任务。一天，他们实验的是一种加入大量金属铬的合金钢材，结果同样让他们失望，这种钢材不仅不耐磨，硬度也不达标，距离制造枪支还差得远呢。于是，记录下实验结果以后，这种钢材就被扔到仓库的角落，无人问津。

几个月后，一位助手在仓库的角落发现这种钢材表现出和其他钢材不一样的特性。几个月的时间过去了，氧化反应让其他钢材都蒙上一层锈迹，只有这种钢材依旧闪闪发光。助手兴奋地把钢材拿给布雷尔利，想让布雷尔利看看这种钢材到底能有什么作用。

经过全面的实验，布雷尔利发现这种钢材有极好的耐腐蚀性，虽然不能做成枪支，但做成餐具却是极好的。于是，他把这种钢材制成餐刀、餐叉、盘子等。没过多久，这种餐具便风靡整个英国。

这说明，你在某个领域的失败，并不代表在其他领域就一无是处。人们常说"有心栽花花不开，无心插柳柳成荫"，就是这个道理。也许你没能得到一片花园，而得到一条林荫小道也是一种成功。

如果把成功比作丰收时的果实，失败就是浇水、松土、除虫的过程。在这个过程中，你会变得越来越有经验，找到越来越多让你向成功靠近的办法。

在 20 世纪 70 年代，一位非常贫穷的年轻人，他身上所有的钱加起来都不够买一件像样的西装。但是他有一个好莱坞的明星梦，想要当演员、拍电影。

当时，好莱坞有 500 多家电影公司，年轻人按照自己规划的路线一家一家地拜访。他觉得总会有一家公司看中他，愿意给他一个机会。没想到，500 多家公司全都拒绝了他。

年轻人没有灰心，经过一段时间的修整，又开始第二轮的拜访。在连续被拒绝了 1000 多次以后，他花光了身上所有的钱。为了继续在好莱坞闯荡，他开始一边打工，一边继续拜访那些电影公司。

一转眼，两年的时间过去了。年轻人不仅没有放弃，反而开始创作剧本，为自己增加筹码。但是许多电影公司认可了他的剧本，却不同意让他担任男主角。前前后后，他被拒绝了1855次之多。在他第1856次去电影公司拜访时，一个拒绝了他20多次的导演对他说：“放下你的剧本，我愿意给你一个机会。虽然我不知道你能否演好，但你的精神、态度打动了我。记住，你只有一次机会，如果表现得不好，就彻底打消当演员的念头吧。”

三年积累一朝爆发，年轻人迸发出的力量和才华让所有人刮目相看。他终于踏出自己成功的第一步，从那以后，他的事业节节攀升，一发不可收拾。在他出道的第三年，由他创作、出演的电影夺得奥斯卡最佳男主角和最佳编剧的提名。这个年轻人，就是大名鼎鼎的西尔维斯特·史泰龙。

不要小看你的任何成果，即便失败，也是有价值的。通往成功的道路有千万条，通往失败的更多。虽然这一次失败了，没能走在正确的道路上，但你却发现了一条通往失败的道路，下一次只要避开这条道路，距离成功就能更进一步。

我们在这里强调失败是另一种成功，并不是让受到失败打击的人盲目乐观。失败是另一种成功，前提是你能够看到失败的另一面，找到你所收获的成功。如果盲目乐观，坚信自己即便失败了，在某个方面获得的成功将来一定会展现在自己面前，那就大错特错了。

只有善于总结失败、利用失败的人，才能够找到属于自己的成功。总结失败，能获得的最基本的好处就是找到一种让你失败的原因。或许是准备不足，或许是行动太过草率，又或者是在某个方面的能力还不足够，而善于利用失败，则是更高深的技巧和智慧。

杨格家的苹果是全国最好的，每年收获的时候都会拿到大量订单，供不应求。一年，他家果园所在的地区遭受了冰雹的袭击，所有的苹果都被打伤。这样的卖相显然会让消费者打退堂鼓，如果人们不愿意购买这些苹果，他还要掏腰包赔偿订货的商人。

杨格很快就想到了如何利用这场让他失败的冰雹，让自己的苹果能够销售出去。他写出了全新的广告词："亲爱的顾客，您注意到了吗？在我们的脸上有一道道疤痕，这是高原上常有的冰雹给我们留下的吻痕。如果你喜欢正宗高原苹果的美味，那请认准这些有疤痕的正宗高原苹果。"这一年，杨格苹果的销量好得一如既往。

成功固然使人欣喜，但失败也不代表一无所获。失败同样是一次难忘的经历，能在你成功的路上扮演重要的角色。如果你遭遇了一次失败，那一定要好好思考一下，也许会得到意料之外的收获。

比失败更可怕的，是一蹶不振

人有两次死亡，一次是心脏停止跳动的时候，另一次是被人遗忘的时候。而失败只有一次，那就是彻底放弃的时候。人们畏惧失败，讨厌失败，躲避失败，毕竟人有趋吉避凶的本能，做出这样的选择也是人之常情。但是，当失败无可避免地来临时，如何面对失败才是最关键的问题。只要你还没有放弃，愿意继续寻找成功的道路，就不算是失败。

汉灵帝末年，黄巾起义爆发了，刘备跟随邹靖讨伐黄巾军，立下了战功，被封为安喜尉。督邮因公事来到安喜县，刘备前去拜见，督邮不见。刘备可不是一个好脾气的人，他十分生气，就闯进去把督邮捆起来打了二百杖。打完督邮后，他把印绶挂在督邮的脖子上，弃官而逃。后来，他再次参军，立下战功，被任命为下密丞，很快再次弃官。

后来，刘备做了高唐尉，接着升任县令，如果这样下去，刘备也可以按部就班地晋升。可是，不久之后，黄巾军前来攻打高唐县，刘备见势不妙，逃跑投奔了公孙瓒。

过了一段时间，公孙瓒派他率军支援徐州牧陶谦。到徐州后，陶谦把丹杨的四千名士兵增补给刘备，刘备就归附了陶谦。

后来，陶谦病重，认为只有刘备才能安定徐州，就想着让刘备在自己死后管理徐州。陶谦死后，刘备就接管了徐州。这引起了袁术的不满。袁术率军前来攻打刘备，刘备率军抵抗。在刘备和袁术对峙的时候，吕布袭击了下邳，俘虏了刘备的妻子儿女，刘备率军转移到海西。刘备向吕布请降，吕布答应了，交还了刘备的妻子儿女，把下邳和小沛还给了刘备。刘备派关羽守卫下邳，自己回到小沛，很快就集结起了一万多人的军队。吕布担心刘备的势力发展太快，会想着夺回徐州，就亲自率兵攻打刘备，刘备战败逃跑，投奔了曹操。

在曹操那里，刘备受到了优待。曹操给了他军队，让他攻打吕布。吕布派高顺迎击刘备，刘备打不过，曹操就派夏侯惇前去支援，但夏侯惇也被高顺打败，高顺又俘获了刘备的妻子儿女送给吕布。

在吕布被曹操消灭后，刘备占据了下邳，接着杀了徐州刺史车胄，占据了徐州。曹操忌惮刘备，看到这种情况，就率军前来攻打刘备，刘备大败，妻子儿女被曹操俘获。刘备又一次开始了逃亡。

这次，刘备投奔了袁绍。袁绍很重视刘备，派刘备率军驻扎在汝南。曹操在打败袁绍后，亲自率军攻打刘备。刘备再次逃跑，投奔了刘表。

刘表让他驻军新野。刘备在这里过了一段安稳的日子。曹操为了统一全国，向南征讨刘表等割据势力。这时刘表死了，他的儿子刘琮继位，派使者向曹操请求投降。当时，刘备驻军在樊城，不知道曹操突然来到的消息，等曹军到了宛县才听到消息，于是率领他的人马撤离樊城。城里的百姓也和他一起撤离。等到了当阳时，和他一起撤离的人有十多万，军需物资装了几千辆车，他们每天只能走十多里路。曹操率领五千精锐骑兵急速追赶，在当阳的长坂追上了刘备。刘备丢下妻子儿女，与诸葛亮、张飞、赵云等几十人骑马逃走，曹操俘获了他的大批人马和军用物资。刘备在逃跑的途中，遇到了关羽的船队才得以平安。

刘备在经历这么多失败为什么还没有一蹶不振呢？这是因为他心中一直没有放弃自己的志向，失败只是他在走向成功路上的踏脚石而已。正是凭着绝不放弃、坚韧不拔的精神，刘备最终实现了自己的梦想，建立了蜀汉。

每个人都遭遇过失败，但这些失败都不是真正意义上的。有的人失败了以后，很快就收拾心情，东山再起；有的人则修身养性，精进自己的能力，再次踏上寻找成功的征程；有的人失败了以后，彻底放弃之前的一切，另寻他法，从头再来。这些失败不能算是真正意义上的失败，他们还没放弃，没有停下前进的脚步，只是在路上受到挫折，缓口气、歇歇脚罢了。等到气喘匀了，脚歇好了，他们就会再次踏上寻找成功的道路。

因此，不要在没有取得成功的时候就下结论，说自己失败了。只要没到一蹶不振的程度，就不算真正的失败。那些没能彻底击垮你的东西，只能让你更加强大，更接近成功。

换一条路，通往成功的路

人们常说，成功者是具有天赋的，但往往把天赋理解得过于肤浅，认为有强大的力量才是天赋，有聪明的头脑才是天赋，有惊人的创造力才是天赋。能够坚持，也是一种格外出色的天赋。

成功者并不都具有强大的力量，不一定都有聪慧的头脑、拥有过人的创造力。但是，他们一定有坚毅的个性，能够在追求理想的道路上持续不停地奔驰。许多人也拥有这种天赋，但他们却没有成功，除了天时、地利等客观因素外，最重要的一点是他们把这种天赋用在了错误的地方。

不是每一条路都能通向成功，有句俗语叫"不撞南墙不回头"，有些人把天赋用在了错误的地方，即便在南墙上撞得头破血流，也不肯回头看看。"山重水复疑无路，柳暗花明又一村。"别把自己吊死在一棵树上，不要把所有的鸡蛋放在同一个篮子里。有些时候，只要回过头来看看，换一条路就能成功。

老周是个不大不小的富二代，之所以这样形容，是因为他家里不像人们知道的那些公子哥有几百亿的资产，但又比小康人家富裕得多。他来往的朋友们，家境大多和他相似，在大家年龄都快奔三的时候，突然有人提议，要不大家合伙干点什么吧。

这个建议一呼百应，整天吃喝玩乐有什么意思，倒不如合伙干出点事业给人看看，证明自己不是没用的"二世祖"。老周也是这么想的，家中事业几乎都是哥哥在负责，他插不上手。与其回去跟家里撕破脸，倒不如要一笔投资出来创业。

老周和几个朋友商量了几天，最后决定投身当时最为火爆的房地产业。其中一个朋友还说，他家在临县有一块地，听说那里要被开发成旅游区，将来房价一定会暴涨。大家一拍即合，划分好投资比例以后，工程就开始了。

去了几天工地以后，老周就没了兴趣。那里说是要开发旅游区，但当地除了风景好之外，能玩的东西并不多。老周对于建筑工程一窍不通，即便在工地上也是什么都看不懂。反正都是闲逛，何必非要在工地上呢？

一段时间以后，老周和朋友们又聚在一起，原来第一批款项居然已经花光了。出钱的人虽多，但没有一个人懂得建好一栋楼到底要花多少钱。目前楼已建了一半，中途放弃显然是不可能的。老周和朋友们只能继续集资，让工程继续下去。

有了第一次，第二次很快就来了。原本觉得很充足的资金，又在他们没有想到的地方不知不觉地消耗完了。有几个人见情况不妙，表示愿意低价出让自己所占的股份，哪怕赔钱，也不再往里添钱了。老周也觉得开销大大超过他的想象，但退出是不可能的。如果自己退出，岂不是向父母承认自己不如哥哥，向哥哥承认自己不行了吗？于是，老周咬了咬牙，瞒着父母找亲戚朋友借了一笔钱，把这个窟窿填上了。

接下来，同样的事情又出现两次。大楼临近竣工的时候，整栋大楼已经完全属于老周自己了，此时万万不能再出一点儿状况，因为他已经借遍了所有认识的人。老周并不担心，毕竟大楼已经建成，只要开始预售，就能回笼部分资金，还上一部分的欠款。

楼盘的预售很不顺利，这让老周很是纳闷。当地旅游业明明在蓬勃发展，怎么偏偏就没有人买他的房子呢？经过一番市场调查，老周才发现，想买他房子的人买不起，买得起的人不想买。

临县与老周所在的城市并不远，当地刚刚开发，消费水平和人均收入都很低。去玩的人都是从本市开车去的，当天去当天回，没有买房的需求，而当地人买不起他的高价楼盘。由于这栋楼在修建的过程中出了许多意料之外的状况，大大提高了成本，低价卖给当地人，是赔本买卖。

如此复杂的情况让老周发了愁，他这时候才发现，自己孤注一掷想要证明自己，反而把自己逼到一条绝路上。

过了一段时间，事情突然出现转机。一个电话打来，说要和老周商量一下租下他整栋楼的事情。老周有点丈二金刚摸不着头脑，一打听才知道，原来临县要举办一个旅游节，有个公司打算租下老周的大楼安置前来参加旅游节的客户。老周转念一想，自己的房子都是装修好的，也有基本的家具，距离住人就缺了几样电器；这楼又卖不掉，与其租给别人安置客户，倒不如改成度假酒店算了。

老周把大楼改成酒店以后，居然乘着旅游节的东风，生意火爆了起来。不到一年时间，老周就还上了欠款，还在父母面前好好地露了一把脸。从这件事情里老周也得到了两个教训：第一个就是不懂的事情不要碰，隔行如隔山，很多事情不只是浮在水面上的一点儿，水下的东西要更多；第二个就是做事不能一条路走到黑，选的那条路走不通，回头看看也许就能找到成功的方向。

成功并不简单，需要不服输的精神与顽强的毅力。但是，如果方向错了，越是不服输，越是顽强，就会在错误的道路上越走越远，越来越难回头。在投入大量时间、精力、成本都没能取得成功的时候，不妨回头看看是哪里出了问题，是不是走在了一条错误的道路上。有些时候，要继续深挖才有可能找到属于自己的金矿，打开属于自己的财富之门；而有些时候，则必须另辟蹊径，才能从死胡同里走出来。

与其害怕失败，不如尽力而为

虚荣心是个坏东西，每个人都曾受它的影响，说出一些言不由衷的话，做出一些不那么理智的事情。想要不被虚荣心影响几乎是不可能的，由于个人经历、所处状况不同，虚荣心会影响到自尊心、自信心以及其他东西。比如，为了维护自尊心，创造一些虚假的、表面的繁荣，就是最典型的做法。

为了创造这种虚假的繁荣，人们面对事情的时候往往有两种选择。

第一种，逞强。明明知道自己的能力不够，还没有准备好，但为了掩盖这些不足，硬是接下自己做不好的事情。因为一旦拒绝，自己能力不够的情况就会被看穿。与其当场暴露，不如先硬着头皮应承下来，之后再慢慢想办法。

第二种，找借口拒绝。只要理由不是自己做不到、做不好，其他什么都行。不开始做就不会失败，不失败就没有人知道自己的能力不足以完成这件事情，也就保住了自尊，满足了虚荣。

有人可能会问，能骗过其他人，难道还能骗过自己吗？没错，不仅能骗过自己，甚至可以说主要的欺骗对象就是自己。许多人在维持虚荣的过程中逐渐相信自己就是那么好、那么优秀，如同把美颜相机当成镜子来照，只要没看到真的镜子，我就是美颜之后那么美。

　　如果自己欺骗自己这件事情能持续一生，这种做法倒也无伤大雅。世界并非某一个人自己的世界，在主观意志外还有一个客观世界。那里不在乎你为自己保留的小小虚荣，也不知道你美颜过后的自己究竟是什么样子。你有多少能力，就能获得多少回报，取得怎样的地位。更重要的是，你能否成功由客观世界所决定，而不是你的主观意志。

　　只要不去做事情就不会失败，但也不会成功，甚至不是原地踏步，而是距离成功越来越远。你在畏首畏尾的时候，你的对手却在全力以赴。你担心自己能力不足，害怕行动起来就会遭遇失败，你就永远不会知道自己的问题在哪里，需要做什么改进，哪方面需要提高，什么时候再进行下一次行动。

　　还有的人认为，自己的情况自己最清楚，能不能成功难道自己还不知道吗？难道非要一头撞上去，迎接那一次失败吗？其实不然。不管结果是成功还是失败，只要行动起来，你就会不断汲取新的养分，获得新的成长。成功和失败往往只有一线之隔，也许你在行动的过程中获得的提高刚好压过那条线，也许你在全力以赴时爆发出比自己平时更强大的能力。正是因为敢于挑战那些不可能的事情，才有了那么多令人仰望的成功、令人赞叹的奇迹。

　　埃隆·马斯克是个极其复杂的人，他的才华令人赞叹，而他的个性则让许多人觉得厌恶。有人崇拜他，恨不得将他捧上神坛。也有人痛恨他，想要将他打入地狱。不管是哪一种人，都不能否认马斯克的成功。特别是 SpaceX，创造出私人公司从事航天业的奇迹。在这一领域，不管是世界首富杰夫·贝佐斯，还是老牌航空公司洛克希德·马丁，都被他远远地甩在后面。马斯克之所以能完成这项创举，赢得非凡的成功，正是因为在面对机会的时候，他选择全力以赴，而不是总是担心失败。

马斯克第一次创业是在 1995 年，通过父亲给他的 2.8 万美元启动资金，和弟弟两个人拼命写代码，这才让他渡过了创业最艰难的阶段。他创立的 Zip 2 公司，1999 年的时候被收购，马斯克因此获得 2200 万美元，成为千万富翁。在这个过程中，最让人印象深刻的是他对投资人说的一句话："我宁可自杀，也不愿意失败。"

马斯克的第二次创业是在金融领域，他几乎投入全部的资金，最终成就了如今欧美最大的在线支付软件 PayPal。马斯克的这次创业收入 1.8 亿美元。

就在整个硅谷都把注意力放在马斯克身上，想要看看这位天才接下来会做什么的时候，他创办了 SpaceX 公司。这个决定在当时获得的可不是钦佩和赞赏，几乎每个知道这件事情的人都对马斯克的印象从天才转变成傻蛋。之前也有各路富豪做过类似马斯克正在做的事情，在投入上千万美元仍一无所获的时候，他们纷纷抽身而出，黯然退场。

马斯克和他们不一样，他并不打算玩玩，也没想过退出止损。接连两次火箭发射失败，让整个公司的士气非常低落。而第三次的失败，更是使公司除马斯克外的所有人都陷入绝望之中。毕竟人人都知道，马斯克剩下的钱只够再发射一次了。

如果第四次发射失败，会发生什么？马斯克说，他会和妻子住到岳父家的地下室里。实际上，他面临的情况远比他说出来的更加糟糕。当时特斯拉已经接收了几千万美金的预付款，交出的车只有50辆，而银行账户里的钱只有900万。剩下的钱哪里去了？毫无疑问，被SpaceX烧掉了。有人劝说他放弃SpaceX或者特斯拉，事后来看，即便放弃SpaceX或者特斯拉中的一个，他也没有办法将另一家公司撑下去。仅仅是那些预付了车款的明星、大人物，就足以把马斯克送进监狱，直到海枯石烂他也别想出来。

幸好第四次发射成功了，SpaceX拿到NASA的订单。16亿美元的收入让他付得出员工的薪水，以及填补特斯拉的亏空。看似风平浪静、波澜不惊，实际上，当时的特斯拉到了最危急的时候，因为它还有几个小时可能就破产了。

我们寻找的成功，可能没有马斯克那样惊人，但可能经历的失败，也不像马斯克那样可怕。在失败的时候，损失的可能是几年的积蓄，可能是大量的时间与精力，更可能是丢脸、伤自尊，被人打上失败者的标签。然而，这个世界上的幸运儿并不多，能遇到的机会少之又少。如果因为害怕失败就不去行动，你永远都不可能知道自己将要失去什么，倒不如全力以赴，放手一搏，也许就能获得成功。

第五章

少听成功学，多听失败学

成功学离成功有多远？

什么是成功学？它起源于英国，主要目标是教人完善自我、发掘潜能，培养良好的人际关系，进而激励人积极进取，走向成功。简单来说，成功学是专门教人如何成功的，讲述的是成功者的故事、经验秘籍、性格习惯、创业心得等。

在很多信奉成功学的人看来，不一样的人，获得的成功有大有小，但这些人都有着类似的成功规律。只要自己能找到这个规律，那么成功就成了简单的事情。但是，成功学真的可靠吗？那些成功者的经验真的可以复制吗？那些成功学大师的所谓秘籍能够给人带来成功吗？

不妨看看下面这个例子。

陈安之就是所谓的成功学专家，也是曾经最火爆的成功学大师。可是现在回过头来看，所谓的成功学似乎更像一个骗局。

2018 年 5 月之前，家住贵州遵义的牛女士只是一个普普通通的农村养殖户，靠着努力与勤劳，与丈夫在家乡养殖 300 只羊和几十头牛，生意做得不算大，但日子过得很红火。

渴望成功是每个人的本性，牛女士也不例外。一个偶然的机会，牛女士看到有人向她推荐陈安之的成功学培训，并且说得神乎其神。这激起了牛女士的野心。于是，抱着试试看的态度，她参加了这个成功学培训。

第一次出远门，第一次见识到规模如此大的演讲，第一次听到这样令人激情澎湃的演讲，牛女士深深被陈安之的成功学所折服。于是，在助理们不厌其烦地说服下，牛女士拜陈安之为师。陈安之则表示，凭借他的人脉资源和名望，凭借他的成功学秘诀，牛女士可以轻松赚上数千万，更快地走向成功。牛女士拜了师，缴纳了高达 108 万的拜师费。为了凑足这笔钱，牛女士卖掉了养殖场的所有羊和牛，又向亲戚朋友东借西挪。

可是，随着听课次数的增加，牛女士发现所谓的成功学就是不断地给学员们洗脑、灌心灵鸡汤、做心理暗示以及带领着喊口号。她没有得到任何人脉和资源，也没有拿到所谓的"随便就赚千万的好项目"。一开始，牛女士还抱着希望，希望到后面情况会有好转。可是等到最后一次培训课结束，她仅剩的一点儿希望彻底破灭了。这是一个彻头彻尾的骗局。

所谓的成功学并没有让牛女士成功，反而让她负债累累。最后，牛女士实在没有办法，只能又借了几万块钱，重新从养殖兔子和小鸡开始，一边维持生计，一边偿还债务。

可以说，所谓的成功学培训是不靠谱的。且不说这里面存在的骗局、收取的高额培训费，就算这不是一个骗局，人们就可以根据这些所谓的秘诀而成功吗？古往今来，国内国外，成功的例子不计其数，胡雪岩讲诚信，做事大胆、果断，精通方圆之道，成为名盛一时的红顶商人；马云有独特的眼光，敢于创新，执着进取，成为互联网行业的巨头。还有乔布斯、比尔·盖茨、刘强东、王健林等，这些人物的成功原因多种多样，他们的成功经验也值得学习与借鉴。

成功学，有用吗？肯定有。这些成功者的经历，可以让我们在迷茫时重新获得信心与动力，坚持向前，坚持梦想。这些成功者的经验，可以让我们在最初学习到一些有价值的东西，思索如何才能找到正确的路。但是我们必须告诉自己：要学一些成功经验，看一些成功者的传记，但更要学习他们的思维、行为、习惯，学习他们为成功而付出的努力，之后再激励自己坚持梦想，寻找适合自己的方向，思考自己应该如何去努力、去拼搏。

记住：成功学离成功很遥远。想要成功，我们需要做到：不一味地迷信成功学，而是踏实做好自己的事情，朝着自己期待的方向奋斗，学会抓住身边的机遇；不要心怀幻想，认为成功很简单，认为只要自己复制成功者之路就可以轻轻松松成功，而是应该正确地看待自己、看待成功，让所有的想法都落地。

误读了成功学，失败更快

很多人误读了成功学。

现实生活中，很多人不喜欢读书，看到所谓的机遇便不再继续读书，一心梦想着做成大事。若是有人劝说，这些人便理直气壮地说："当年，比尔·盖茨不也辍学了，就因为辍学，他抓住了机会，创立了微软，成为无可匹敌的人物。再说，不是有一个考上北大的高材生嘛，名校毕业又怎样，还不是回家养猪、卖猪肉，也没见他有什么出息？"

其实，这是一种结果偏见。所谓结果偏见，就是看到一个人成功了，就认为他所有的行为都是正确的，所有的话都是有道理的。这种因为结果而导致的偏见是非理性的，可能让人们从正确的结果推导出错误的原因，之后因为相信了错误的原因而导致最终的失败。

事实上，他们只看到比尔·盖茨辍学，却不知道比尔·盖茨辍学是因为要抓住巨大的机遇，他有巨大的资本走一条不同寻常的路。同时，这些人不知道，比尔·盖茨辍学，前提是他能进入哈佛大学，而且在之后并没有忽视学习。恰如比尔·盖茨自己所说："我爱上学，即使现在我也会读很多课本，和我上学的朋友相比，我的知识绝对不输于他们。"

他们只看到北大高材生卖猪肉，却不知道人家有聪明的头脑、远大的目标，现在已经身价过亿。他所有的行为都是北大水准，有着不一样的思维，有着与众不同的表现。他卖猪肉不是只能卖猪肉，而是选择了一条不同的路，做着自己认为最有价值与前途的事情。

所以，读成功学可以，但是千万不要误读了成功学，只看到成功者身上的某些特质，然后生往自己身上套，认为自己有成功者拥有的东西就可以成功。这样的行为只会失败得更快。

一个女孩本来成绩优异，却在高考中落榜了。因为她崇拜韩寒，喜欢上了写小说，梦想着像韩寒那样成为出色的年轻作家。她认为高考已经跟不上时代，声称自己不高考一样可以成功。她一门心思写作，几乎把全部的学习时间都用在写作上，成绩自然一落千丈。可她并不在乎，认为自己可以成为第二个韩寒，成为能够改变中国高考的人。

她还效仿韩寒高考交白卷，在高中的时候用双色笔作答，把自己对于高考制度的不满写在试卷上，并且把自己的笔名写在密封线外，通过这种方式让自己得零分，让相关部门和社会对高考给予重视。

结果因为高考违规，她的文综被判 0 分。显然，她落榜了，父亲劝她复读，可是被她断然拒绝。她成了"名人"，也成为村里的笑话，之后不得不跟着村里的人外出打工。因为没有学历和一技之长，她只能做饭店洗碗工、工厂工人，一直辗转在外打零工，好不容易找到稳定的工作，却因高考的经历屡次被辞退。

女孩之所以落得这样的结果，是因为她误会了韩寒的成功，认为韩寒是因为退学、交白卷、个性、特立独行而成功。没错，韩寒身上确实有这些特质，但这并不是他成功的关键，也不应该成为人们误信的所谓"成功学"。人们更不应该认为只要做到这样，便可同样成功。

来看看韩寒的成功经历。

他虽然对数理化一窍不通，但是酷爱文学，很有写作天赋，并且从小就接受父亲的熏陶与教育。韩寒的父亲是一位作家，多产，有才华，且多次在国内获奖。韩寒10个月大时，父母就教他认字；小学时候，父母就给予他文学方面的教育，让他读国内外的名著，写自己想写的东西。所以，韩寒从小就有较深厚的文学底蕴，初二时就在各种期刊上发表作品。所以，他能拿到全国新概念作文比赛一等奖不是偶然的。

因为有文学天赋，能在文学上有所发展，所以他才专注于此，认为自己没有必要去"挤考大学这座独木桥"。退学后，在父亲的大力支持下，韩寒全身心地投入创作，之后也完成了《三重门》《穿着棉袄洗澡》等作品，成为年轻人喜欢的青年作家。

每个人的经历不同，身上的特质也不同，行为模式与思维模式自然就不同。所以，别人成功了，不代表你学到了这些就一定能成功。更何况，你只是看到别人成功这一点，没有看到你与他的情况是不一样的，他的经历也不一定适用于你；你只是揪着成功人士身上的某一个特质，甚至是所谓的缺陷，然后无限地放大、一味地执迷，而没有看到他身上其他更重要的特质与优势。如此一来，如何成功？

任何人理直气壮地说"某某也敢于冒险""某某也辍学了""他们都成功了，我也一定能成功"，这都是对成功学的误读，都是对成功的误解，自然无法真正成功。记住：可以读成功学，但是不要完全照搬别人的成功学，更不要只见树叶不见森林。全面了解清楚，且根据自身的具体情况行动。

还有很多人误认为只要自己懂得成功学，按照成功学的秘诀或公式去做事，去努力，必定会成功。比如，成功学大师总结出一套成功公式：第一决定你追求的东西是什么，第二拿出行动，第三观察哪个行动管用、哪个行动不管用，最后修改行动，以便达到目标。按照成功学理论，基于迷信成功学的人的理解，只要按照这几步去走，那么一定会成功。如果不成功，只能说明自己做错了。事实真的如此吗？我想未必。否则，为什么成功者如此少，失败者那么多？难道那些失败者都如此"愚笨"，不得其法吗？

我们可以迫切渴望成功，但一个社会结构中，成功者不过1%，且离不开能力与机遇。不迷信成功学，不误读成功学，你就不会成为牺牲品。

越不懂失败学越失败

　　失败很苦，成功很甜，所以绝大部分人害怕失败，害怕失败时的痛苦与无助，拒绝与失败有关的一切因素。然而，失败学告诉我们，失败是必然，成功是极少数的偶然事件。眼里只有成功，否定与恐惧失败，那么失败也就成了必然。越害怕失败，越容易失败。

　　为什么会事与愿违？很简单，因为对结果的渴望会引发人们的焦虑，越渴望有好的结果，就越惧怕失败；越惧怕失败，内心就越焦虑，精神高度紧张，在心中告诉自己："千万不要失败，千万不要失败。"暗示确实起到了作用。不过在高度紧张与焦虑的情况下，人往往会失去价值判断与选择，脑袋里只出现"失败""失败"等词语。结果可想而知，这直接影响了人的注意力与思维，最后导致失败。

　　比如，网球运动员反复告诉自己"不要漏接这个球"时，大脑就会出现"漏接球"的画面。这时候，手一挥，往往就接不住球。又如，我和你说"千万不要想那只粉色的大象"，你头脑中想的第一个画面是什么？之后你在心里重复这句话，接下来会有什么样的情况发生？

一个事例足以说明这一点。这个事例是关于一个著名的杂技表演家族的，这个家族被称为"飞人瓦伦达"家族。第五代钢索表演艺术家卡尔·瓦伦达非常有名，曾经多次完成高难度的挑战。在他的表演生涯中，从来没有出现一次失误，所以被派往波多黎各为一些非常重要的客人表演。这次表演的观众是社会各界名流，还进行了现场直播。卡尔·瓦伦达非常重视，前一天就开始反复琢磨每一个动作、每一个细节，避免出现失误。

表演开始了，他决定不用保险绳。但恰是这一次，意外发生了。当他刚刚走到钢索中间，只做了两个低难度的动作，就因身体不平衡从 10 米高的空中摔下来，意外丧生。从未有失误的卡尔·瓦伦达，为什么这次失误了？

是因为他太惧怕失败了。因为担心失败而焦虑，他的注意力很难集中在表演上，最后让自己付出生命的代价。正如事后他妻子说的那样："我知道这次一定要出事，因为他在出场前就不断地对自己说：'这次表演太重要了，不能失败，不能失败。'以前每次成功的表演，他只是想着走好钢丝这事，不去管这件事可能带来的一切。卡尔太想成功、太不专注于事情本身、太患得患失了。如果他不去想这么多除走钢索之外的事情，以他的经验和技能是不会出事的。"

这就是心理学上的一个著名论断——瓦伦达心态。很多时候，一个人之所以失败，不是能力不足，而是因为过度惧怕失败而出现的焦虑与紧张。具有瓦伦达心态，也就让失败成为一种必然。因为过分恐惧失败，对于结果的关注超过做事本身，所以越想越多，越害怕越失败。

我们要知道，任何事情都是未知的，就算我们希望有好的结果，可没行动前，谁也不能保证结果就是好的；就算我们惧怕失败，不到最后一刻，就无法避免失败。我们无法排斥所有的可能，但若是始终担心坏的结果，一直焦虑，坏事可能真的会到来。

当然，这种必然性并非不可破除，只要我们能克服这种心态。我们需要做的是朝着正确的方向去努力，不过分担心失败，专注于所做的事情上。当心思都专注于事情本身，就会逐渐消除焦虑与恐惧，让自己趋于平静与淡定，继而发挥应有的水平。集中精力做好每一个细节，如此就离成功越来越近、离失败越来越远了。

一个年轻的演讲家参加了一个演讲比赛。这次比赛是一所著名大学组织的，参赛者都来自国内著名大学，其中不乏非常出色的演讲家，有的还获得过演讲比赛冠军。不过，这位年轻演讲家也不逊色，表现非常突出，一路战胜对手，进入了半决赛。这一次，他的对手是实力非常强的演讲家，上一届比赛的冠军。

年轻演讲家很紧张、焦虑，因为这次比赛对他来说很重要，如果输掉这次比赛，自己很可能无法进入高一级的演讲圈子。焦虑和紧张让他心跳加快，无法把注意力放在演讲稿上，以至于他一拿起演讲稿就心跳加速，甚至忘记了稿子的大部分内容。

他知道这样下去自己不仅无法获胜，还可能输得很惨，可他仍控制不住自己，甚至想要放弃。就在他几乎要放弃时，一个念头突然闪过：任何事情都有无数可能性，我为什么要执着于失败之后会怎样呢？就算失败了，我还可以从头再来。现在放弃，那就彻底失败了。于是，他开始慢慢接受自己在比赛中失败的可能性，并且把注意力集中在演讲本身。奇怪的是，他的焦虑和紧张反而减轻很多，他展现出了以往的水平。结果，这个年轻的演讲家成功了，顺利地闯进决赛。

对于失败的担忧，给这个年轻演讲家带来了巨大的心理压力，让他无法专心面对比赛，无法把专注力集中在演讲这件事上。如果这样参加比赛，那么必败无疑，而且会输得很惨。但是，当他开始专注于演讲本身，对于失败不太在意时，也就把自己从"瓦伦达心态"中解救了出来，释放了自己，展现出自己的最佳状态，事情自然朝着好的方向发展了。

因此，我们可以对结果有所期待，想办法避免失败的到来，但是要记住：越害怕失败，越容易失败；越担心不好的结果，事情越往不好的方向发展。很多人怕输，可只有不怕输的人才更容易赢；很多人心心念念"不要失败""不怕失败"，结果越是心心念念，越深陷恐慌，导致事与愿违。时间长了，一些人还会陷入对失败的长期否定、逃避、忌讳、恐惧的状态，患上可怕的"失败恐惧症"。

成败，在于我们的心。懂得失败学，保持对成败的寻常心，而不是陷入对失败的担忧与恐惧，这才是最好的应对方法。

失败学，比成功学更重要

有的人可能一辈子很少成功，还遇到过无数次的失败。可能是人们过于渴望成功，极其排斥失败，也可能是成功比失败更能吸引人的眼球，所以大部分人看到成功学便热血沸腾，看完之后便觉得自己很快能做成大事。与之相对应的是，人们都不愿意谈及失败，更不愿意学失败学，甚至会说："我的目的是成功，为什么要学失败学？""学了失败学，岂不是更失败？"

其实，失败学就是成功学。失败是常态，学习失败学，知道那些导致失败的行为、习惯、思维方式，就可以避免让自己陷入险境，进而摸索着走向成功。失败学就是提倡从失败中学习，研究如何聪明地与失败相处，寻找自己的成功之路。

华为的任正非很早就懂得失败学的意义。2001 年，华为发展良好，正开始走上坡路。可是任正非却在《华为的冬天》中开门见山地提出："公司所有员工是否考虑过，如果有一天，公司销售额下滑、利润下滑甚至会破产，我们怎么办？我们公司的太平时间太长了，在和平时期升的官太多了，这也许就是我们的灾难。"2012 年，任正非又推出一本企业传《下一个倒下的会不会是华为》。面对美国的技术封锁与市场压力，他选择断臂自救，思考如何与失败相处，只为了"活下去"。正因如此，华为挺了过来，迎来了属于自己的春天。

如果说华为的失败学是一种"冬天学"，是通过进一步思考失败来认清自己，不如说它是一种居安思危。任正非明白：若是企业只有等到危机来临的时候才想办法补救，那么等待它的可能是被超越或者被淘汰。所以，他提前意识到危机与失败，做了充分的准备。正因如此，华为超越了很多企业，迅速发展成为如今领先的信息与通信技术企业。

所以说，居安思危永远是人们进步与成功的原动力。有了充足的危机意识，能真正认识到失败，看到潜在的失败危机，才能在关键时刻扭转乾坤、转危为安。

英文中有一句俗语："Push yourself out of your comfort zone."翻译成中国话就是："生于忧患，死于安乐。"虽然这句话我们每天都在说，但就因为每天都在说，所以有些人才麻木了。很多人失败了，不是没能力、没机会，而是因为没有危机意识；很多人有着成功的欲望，只想着成功，没有想过自己会失败，更没有学习失败学的意识。

成功是从失败开始的，不思失败，人就会陷入危机。事实上，大部分成功的人都能居安思危，知道自己一旦失去危机意识，那么离失败就不远了。比尔·盖茨经常将"微软离破产永远只有 18 个月"作为名言警句。正是这种时刻存在的危机感，让比尔·盖茨一直不放松、一直前进，不被竞争对手超越。海尔集团负责人张瑞敏也经常说："我每天的心情都是如履薄冰，如临深渊。"

联想集团负责人柳传志接受采访时表示："你一打盹，对手的机会就来了。"史玉柱从最富有的人变成中国最穷的人，到后来东山再起，他也曾向外界表示："我现在每一天都在提醒自己，也许明天就会破产，所以我一定要有危机意识，就比如巨人企业的'股价每涨一点儿，我的压力就会大一点儿'。"

或许很多人会说，这些人脑子里总是有失败，总是忧患这忧患那，还怎么享受生活？如果他们时常给员工灌输失败学，员工岂不是越来越消极，越来越没有信心？如果你这样想的话，那就错了。

一个没有危机意识的人是没有前途和光明未来的。缺乏危机意识的人，很容易在竞争的洪流中遭受挫败。如果一个人一直沉溺于过去的辉煌，看不到危险，就会盲目乐观，进而变得因循守旧、不思进取，其思想和意志就会逐渐麻痹。一旦大脑和行为被习惯性思维所控制，这个人就会锐气尽失，然后走向失败。

同时，失败学和危机意识都可以鞭策自己，就好像你认识到自己有危险，就会想尽办法让自己远离危险一样。你始终不忘失败的教训，告诉自己正处于危机中，就会不断地鞭策自己进步，让自己远离这些危机，避免这些陷阱。

人生之所以精彩纷呈，就是因为未来是不可预测的，充满变数。就是因为这样，我们才应该学习失败学，让自己多了解一些他人的失败经历，更要有危机感，做到居安思危。如此一来，在前进的道路上才能正确认识自己，认识失败，遇到危机时才能自如应对，不至于手足无措。一切过去后，成功自然不期而至。

过于渴望成功，终会掉入失败的魔咒

每个人都渴望成功，不希望自己遭遇失败。甚至有人说："渴望成功的欲望有多强，你离成功的距离就有多近。""像渴望呼吸一样渴望成功！失败和困难并不可怕，只要你清楚自己的目标，为之努力，终会抵达成功！"

没错，渴望成功，可以让我们充满动力和激情，战胜失败和困难，付出更多的努力。但是过于渴望成功，其实就是惧怕失败，不敢面对失败。对于成功的执着，很可能会成为始终无法逃离的"失败魔咒"。

2008 年北京奥运会上，50 米气枪三姿决赛正在举行。赛场上，所有比赛选手和观众都屏住呼吸，等待冠军的产生。此时，中国选手邱健成绩最好，超过乌克兰对手 0.1 环，打出 1272.5 环的好成绩，这个成绩足以让他获得比赛的亚军。因为最后一个没有完成比赛的选手是美国著名射击选手马修·埃蒙斯，在此之前，他的总成绩领先邱健 3.4 环。在所有人看来，局势已定，马修·埃蒙斯拿到金牌已经没有悬念。因为在这样的世界顶级水平的角逐中，选手们的实力相当，相差零点几环就算是个不小的差距。换句话说，只要埃蒙斯的最后一枪打出 6.7，就可以把金牌收入囊中。这对于一个世界级的射击名将来说，简直易如反掌。

然而，令人震惊的是，他竟然出现两次失误，只打出了 4.4 环的成绩。这一刻，全场运动员、观众以及屏幕前所有关注比赛的观众都震惊了。现场直播的解说员足足停滞了好几秒。就这样，邱健拿到金牌，埃蒙斯遗憾地只拿到第四名。

为什么会出现这样的情况？就是因为埃蒙斯太渴望成功了，渴望证明自己，渴望拿回本属于自己的荣誉。当然，这要从 2004 年雅典奥运会说起。当时也是在气枪三姿比赛上，也是进行到最后一枪，埃蒙斯也是最后一个射击。当时，他只要拿到不低于 7.1 环的成绩，就可以顺利拿到冠军。但是他竟然脱靶了，把子弹射到中国选手贾占波的靶位上。最后，贾占波获得冠军，而埃蒙斯则在关键时刻痛失冠军。

这还没有停止。再一个 4 年后，埃蒙斯又出现在伦敦奥运会上。这时候，所有人的关注点都集中在他身上，确切地说都在他的最后一枪上。当时，埃蒙斯的前 9 枪依旧发挥出色，领先于所有的选手。所有人都屏住呼吸，希望他能打出好成绩，弥补之前的遗憾，血洗之前的屈辱。可最后一枪，他再次发挥失常，把金牌拱手让人。

很多人说埃蒙斯没有逃脱困住自己的魔咒，也有人说埃蒙斯是一个悲剧式的人物，但是仔细想想，其实这个所谓的魔咒就是他太渴望成功了，所以难以忘却之前的失败，而越难以忘却失败，内心波动就越大，越无法让自己冷静。

心理学家之后还把这种情况称为"埃蒙斯魔咒"，这是指那些过于渴望成功而导致内心过度紧张、焦虑，进而很容易在关键时刻掉链子的行为。就是说，一个人越是渴望成功，就越容易失败。其实，这种情况不局限于运动员，而是适用于任何人。比如，学生遇到重大的考试，过于渴望获得好成绩，可越是这样，内心就越紧张，平时会做的题也没了思路，平时能轻松答完的卷子，现在却答不完了；演讲者上台演讲前把词背得滚瓜烂熟，可因为渴望表现优秀，结果一上台就忘得一干二净；商人与客户进行重要谈判，太渴望拿下订单，结果表现反而有些不尽如人意……

过于渴望成功，在心理学上说就是成就动机过大。成就动机是一个人追求自认为重要的、有价值的工作，并使之达到完美状态的动机。成就动机适当，即渴望成功，且有主观努力，如此一来，人们就可以发挥更大的潜力，更容易走向成功。成就动机过小，就是不祈求成功，没有成功的欲望；不敢冒险，没有行动的主观能动性；在失败面前怨天尤人，不肯承认自己的不努力；做事散漫、懒惰，得过且过。成就动机过大，就是太渴望成功，对于成功有强烈的欲望；不接受失败，为失败而感到屈辱，脑海里总是想象失败的种种结果；激进……可见，成就动机过小或过大，都不利于成功。

尤其是成就动机过大时，人们的神经会因为过度紧张而受到干扰，越是离成功近，内心的紧张程度越高，焦虑感越强烈，以至于最后难以自控，出现严重失常。于是，很多时候，那些失败的人常常因为过于渴望成功，反而给自己带来难以克服的心理压力，进而很难成功。

过于渴望成功，还会让自己陷入失败的魔咒，因为他们的所有思想与行为都是激进的、出格的。一个年轻人出身平凡，没有关系，没有背景，于是他急于成功，过于渴望改变自己的命运。他喜欢看成功学的书籍，喜欢看财富类、成功者经历类的节目，渴望成为成功者，通过自己的努力成为马云那样的人。他像一只寻找猎物且极度饥饿的狼一般，急躁不安，行动激进，思想偏激，把对于成功的欲望写在脸上、挂在嘴边，不管做什么都散发出"我想成功""我想出人头地"之类的气息。

他冒险，特立独行，只要自己认为对的事情，就不顾所有人的反对，一心做到底。结果，他失败了一次又一次。可越是如此，他越渴望成功，内心的欲望就越强烈，最后甚至走上错误的道路。

所以说，渴望成功是好事，但过于渴望就未免是好事；对成功保持激情是好事，但激情太过就很可能是坏事。从本质上说，过于渴望成功，就是惧怕失败。而惧怕失败，又何谈成功呢？

成功学非捷径，没根基的成功何谈长久？

　　天上不会掉陷阱，成功学不是成功的捷径。那些看似捷径的东西，其实都是深不可测的陷阱。就算靠着所谓的捷径，你得到了成功，也会因为没有根基不能保持长久。

　　不可否认，很多人或许因为运气，或许因为别人帮助，一夜暴富或是一朝成名。正因如此，很多时候，这偶然的成功让人陶醉，让人对于成功和成功学产生误解。但这终究抵不住时间的考验，到头来没有几个人能守得住这成功的结果。

　　几年前，一首网络歌曲《我的滑板鞋》火爆起来，那充满魔性的旋律与舞蹈动作，以及创作者庞麦郎独特的演唱方式，让无数年轻人为之着迷。不管是中学生还是大学生，都时不时哼唱几句，就连一些明星也尝试着模仿那魔性的旋律与舞蹈动作。

　　庞麦郎是一个80后小伙，出生于陕西汉中的一个贫苦家庭。辍学之后，他就与同伴外出打工。可与其他打工的小伙伴不一样，他想要成为一名歌手。他喜欢音乐，看到无数人通过参加歌唱选秀走红之后，更加希望自己能像他们一样。他认为自己有才华，可以通过自己的努力获得成功。之后，他到了一家KTV打工，近距离地接触到音乐，这也给了他很大的鼓励与动力。

除了打工，庞麦郎把所有的休息时间都放在创作上，写出的歌曲堆成厚厚一叠。2013年，庞麦郎来到北京，参加了一家唱片公司的选秀活动。登上舞台时，他衣着土气，显得不修边幅，唱歌也不专业，只唱了几句就被叫停。出人意料的是，这家唱片公司竟然签下了他，并且为他推出3首个人单曲，其中一首就是《我的滑板鞋》。

《我的滑板鞋》一经推出，就因为不同寻常的歌曲旋律获得了广泛关注，庞麦郎也如愿以偿成为明星，多次参加演出，还举办了个人演唱会。然而，爆红之后，庞麦郎很快就销声匿迹了。他不满足于与公司分账，想自己单打独斗；但他没有真正的才华，只是因为一时满足了人们的猎奇心理才走红。更重要的是，这样的成功是没有根基的，所以只能在互联网时代给人们留下短暂的记忆。

庞麦郎再次出现在大众视野中，不是因为他的歌，也不是因为他的独特风格，而是因为精神分裂被强制送进精神病医院。我们能说他是成功的吗？恐怕很难。虽然对于他来说，能成为万众瞩目的歌手，举行万人演唱会，有百万级粉丝，也算是很难得的了，但这样的辉煌是短暂的，犹如泡沫般美丽却易碎、绚烂却缥缈。

稍有常识的人都知道，高楼注定无法立于沙滩之上。想要建造稳固的高楼，我们必须把地基打到地表以下数米或数十米，用钢筋混凝土夯实，如此才能让这地基承受住高楼的负载。建楼是这样，成功的获取也是这样。想要获得成功，我们必须扎扎实实地努力，提高自己的能力、学识、人际关系、思维等，打牢自己的根基。

　　基础不牢，地动山摇，这是万事发展的规律。那些信奉成功学、认为成功有捷径的人，都有可能被眼前的暂时性成果所麻醉，彻底走向失败。古人说："千里之行，始于足下。"所以，任何时候，我们都需要一步一个脚印地循序渐进、顺势而为，如此才能让自己在追求成功的道路上渐行渐远。任何时候，我们都应该心怀梦想，不断夯实基础，如此才能打通自己的成功之路。

　　上学时，一个同学想要当翻译官，为此他下苦力学习英语，反反复复地背单词，听新概念英语，读英文书籍、英文报纸，所有文字都能读得行云流水，对于任何一句英文都能脱口而出。功夫不负有心人，他以出色的成绩考入国内顶尖的外国语大学。大学期间，他依旧心无旁骛、全神贯注，把大部分时间用在提高自己的英语水平上，最后终于实现自己的梦想，成为一名翻译官。

　　还有一位学习小提琴的朋友，他五六岁就开始学习，一开始老师让他拉了将近两年的空弦。这对于年龄小的孩子来说，是非常艰难的，但是他坚持了下来，打下了坚实的基本功。后来，老师开始让他正式练习拉小提琴。他依旧非常努力，除了学习文化课，把所有的时间都用在练琴上。最后，这个朋友成为远近闻名的小提琴家，在各种比赛中拿奖无数。

　　看吧！任何成功者都懂得付出努力，懂得在一开始就为之后打下坚实的根基，而不是寻找捷径，或是认为凭借运气便可一夜成功。一个人因为得到秘籍，超常发挥、一鸣惊人的情形往往只发生在小说里，现实生活中真的很难出现。所以，做任何事情都需要静下来、扎进去，一板一眼地打好内功。越是这样，我们就越有底气，就变得无比强大。就算之后遇到困难和打击，也不至于像建造在沙滩上的高楼一样，轻易地轰然倒塌。

失败是鞋子里的沙

攀登的过程中，让人无法坚持到最后的往往不是高山的陡峭，而是鞋里的一粒沙。鞋里的沙，或许很小、微不足道，但总是硌脚，时间长的话还会把脚磨出泡、磨出血，使人无法正常攀登，更无法攀到顶峰。失败就好像我们鞋子里的沙，让我们受伤、痛苦、失去信心。长时间沉浸在失败中就可能让我们沉沦与堕落，无法走向新的成功，更无法获得美好的人生。

所以，我们只有倒掉鞋里的沙子，才能跨越眼前的高山，领略到无限的风光。同样的道理，只有忘掉失败，不念过往，不畏将来，才能重新振作起来，扭转败局。

著名华人导演李安出身贫民家庭，带着自己的电影梦到美国纽约打拼，希望能实现自己的梦想，闯出一番天地。可是，一个没有任何背景的华人，想要在美国立足已是相当困难的事，更别说有所成就了。当时他的境遇很不好，生活和事业都非常窘迫，但是他没有因此放弃梦想，而是不断地挑战自我，寻求突破的时机。

他说："生活中的挫折与失败不可怕，它不过是我们鞋里的一粒沙，倒掉它，我们便可以轻松前行，谱写人生的辉煌。"正因为他勇于面对挫折与失败，把它们当作鞋子里的沙子倒掉，然后继续勇敢前行，所以才做到了常人做不到的事情，成为第一位获得奥斯卡最佳导演奖的华人导演。

就好像我们在浩瀚无际的大海中航行，狂风暴雨随时都会突然来袭，船只也许会被掀翻。这个时候，你是继续搏击风雨、乘风破浪，还是因为担心翻船而沮丧，甚至因为担心船被掀翻而停下来？如果选择前者，你可能很快就会越过风浪，迎来风平浪静，顺利地达到彼岸，也可能跌入海底，丧失生命。

人们渴望成功，可失败是人生的常态，是我们人生道路上那些灌进鞋子的沙子。留在鞋里久了，它会让我们始终无法真正信心满满，还可能让我们心力交瘁、错误连连。所以，继续前行之前，停下来，倒掉它，如此才能攀上更高的山峰。不再为自己的失败与错误流泪、忏悔，或是纠结、沮丧，才能让自己勇敢地走出失败，在不久的将来体会成功的喜悦。

一个年轻人出身贵族家庭，生活幸福，有着别人羡慕不已的地位和财富。但这不是他想要的，他热爱写作，梦想成为一位出色的作家。于是，他不顾家人的反对、周围人的嘲笑，依然选择创作，笔耕不辍。

对于此，很多人不理解，说他是一时无聊的胡闹，是哗众取宠。但因为这是他的梦想，是他发自内心的选择，所以就算被否定与嘲笑，他也决定坚定地走下去。之后，他把全部时间花在写作上，不像很多年轻人那样玩乐享受，也不参加各种宴会活动，而是夜以继日地创作着，终于完成了自己的第一部诗作《杂草和野花》。

可是，他失败了。这部作品被人们贬得一文不值。一位文学评论家毫不客气地批评说，他太自不量力，根本没有资格进入作家的行列，说他永远也写不出好的作品。他成为人们谈论的笑话，作品也成为当时文学界最大的笑料。

他非常伤心，也经历过一段时间的消沉。但是，他很快忘掉了失败与悲伤，把那些批评当作最好的建议，把那些嘲笑当作最大的激励，继续埋头创作，汲取经验，提高自己的写作水平，终于完成了第一部小说《福克兰》。可等待他的依然是别人的嘲笑和讥讽，人们认为他的作品一无是处，没有任何文学价值。

连续两次的失败，让他更加沮丧。不过，他还是没有放弃，经过一段时间调整，继续坚持写作，努力完成自己的梦想。这一次，他成功了。第三部作品《伯尔哈姆》一经问世，就受到读者的欢迎，也迎来了那些批评家的赞美。之后，他创作了很多优秀的作品，成为一位出色的小说家。他就是英国著名作家巴威尔·利顿。

对于巴威尔·利顿，失败给了他很大打击，也曾让他伤心、沮丧、失去信心，但是他没有被失败打败，而是把它当作沙子倒掉，然后重新开始，寻找正确的方向。因为他走出了失败的泥淖，没有让过去的失败毁掉自己的初心，所以终于获得了最后的成功。

失败让强者不断前进，也让弱者无所适从。既然我们无法避免失败，那么就应该勇敢地面对它，坦然地忘却它，不能让它成为硌脚的沙子，更不能让它成为自己的心魔，否则我们永远不要奢望成功。

第六章

成功的经验很难复制，
而失败的经验可以汲取

成功有那么令人着迷吗？

有这样一个故事：靶场上，一位将军向他的部下展示自己的射箭本领，箭箭都能射中靶心。部下们纷纷拍手夸赞，夸赞将军是百年难遇的天才。这时候，一位卖油翁正好路过，看了看靶子说："不就是射箭嘛，有什么值得夸耀的？"

将军一听这话，非常愤怒地说："你也能射箭，我们来比一比，看谁厉害。"

卖油翁说："我不会射箭，但是可以把这油准确无误地倒入葫芦里。"说着，卖油翁拿出一个葫芦，在葫芦口处放上一枚铜钱，然后隔着铜钱向葫芦里倒油。结果，油一滴都不洒，全部倒进葫芦里。将军和部下拿起铜钱一看，发现铜钱上没沾一滴油。这下，将军和部下们纷纷夸赞卖油翁，因为他们觉得这要比射箭正中靶心难多了。

　　人们看重成功，渴望荣誉。但是成功可能会摧毁人们，导致一个人陷入自满、自负之中。就好像故事中的将军，喜欢夸耀自己的射箭技术，却绝口不提自己曾经付出多少努力，更没有告诉部下自己射箭高超不是因为天赋，而是因为勤奋、熟能生巧。卖油翁的精湛技艺恰好说明了这一点，因为他每天都苦练许久，日久天长便可精准地让油穿过铜钱，不洒一滴。

　　其实，成功与荣耀虽然重要，但不可过分沉迷其中，否则会让人盲目，看不清自己，甚至会因此坠落谷底。生活中很多做生意成功的人，享受着眼前的成功，夸耀着自己的成绩，在酒桌上谈笑风生，只说自己眼光多独到、行动多果断、经营能力多强，绝口不提自己私底下做了多少工作、走访了多少家门店、碰了多少次壁。在这样的心理下，他们慢慢迷失自己，就好像所有的成功都源于天赋、好运气，所有的钱都是从天上掉下来的，是轻而易举得来的。这样的行为，就好像第一次进入射击馆，连拿箭姿势都不正确的菜鸟，射出的第一箭恰好就正中靶心。于是，他认为自己是百年难遇的天才，不经过训练就有了好技艺。这难道不可笑吗？

　　要知道，成功只是一个结果，影响成功的因素有很多，除了运气与天赋，还有能力、心态、眼界、思维、性格等因素。更何况成功不是绝对的存在，而是一个相对的存在。每个人对于成功的定义不同，比如在大众价值观中，成功人士要有财富或事业，要有车有房、家庭圆满。这个标准其实是狭隘的，有的人喜欢安静、平淡的生活，认为一家人一屋一田过着幸福的生活才是自己最大的追求。难道你能说他就是失败者吗？再如，一个运动员没有大的天赋，凭借艰苦训练，得以参加奥运会，战胜了一个又一个对手，获得第二名。这是他最好的成绩，是他超越自我能力极限获得的成绩，难道他就只是失败者吗？不！对于冠军来说，他失败了。但是对于他自己来说，他成功了，而且是获得了人生最大的成功。不是吗？

成功是多面的，也是有很多意义的。李山是一个从农村走出来的孩子，虽然生活贫苦，但从小学习优异，以全市高考状元的身份考入一所非常出色的大学。大学毕业后，父母建议李山考公务员，因为在村里人看来，一个人是否成功、飞黄腾达，就看这个人是否有身份、有地位，是否"吃国家饭"。李山所在的村子非常传统，族长是最有权威的人，也是村里最高权力的代表。族长和父亲以及所有亲戚都认为考公务员是最好的一条路。

但是李山却不这样认为，他更喜欢自己到外面的世界去闯，干出一番事业。于是，他毫不犹豫地留在大城市，与几个同学开始创业。前几年，李山的创业不算顺利，没赚到多少钱。在父母以及亲戚、乡亲们看来，他是失败的，这样折腾下去恐怕不会有好结果。可是李山知道，这些年他成长了很多，也积累了很多经验，公司已经逐渐好转，用不了两年就可以走上正轨。

果然，两年后，李山的公司赚钱了，没过多少时间就赚得盆满钵满。李山在大城市买了房，把父母接到身边一起生活，直到这时，他们才懂得自己的观念过于老旧。

所以，不要沉迷于所谓的成功。成功是一个相对的存在，是每个人内心不一样的价值体现。它会随着人和环境的转移而变换。所以，与其为表面的成功而着迷，追求大众价值观中所谓的成功，不如遵循自己的内心，做自己喜欢做的事情，实现真正意义上的成功。

如果把人生比作一段旅程，成功和失败只是这个旅程中的一些插曲。成功是辉煌的高光时刻，回忆起来让我们热血沸腾；失败是苦楚的不幸时分，让人消极与痛苦。然而，没有人能一路都是成功的，只有经历失败，在失败中保持冷静与反思、磨炼与完善，才可以品尝到成功的甜。与成功相对的是失败，而失败不是可耻的。很多时候，失败只是一个人人生中的一次挫折或危机。虽然它会散发出危险的信号，但不足以让人恐慌，彻底失去希望。

记住，成功没有那么令人着迷，失败也没有那么可耻。与之相对的是，过分沉迷成功，因为小小成功而迷失、堕落，过分惧怕失败，因为恐惧连尝试都不敢，才是可耻的。不沉迷成功，不惧怕失败，才是正确的选择。

失败大多源于你迷信成功经验

培根说过："人们常常被自己的经验绊倒。"这话是真理。经验，尤其是成功经验有时的确有用，尤其对于那些初出茅庐者来说，它可以让这些人少走一些弯路，多绕过一些陷阱。但若是迷信所谓的成功经验，那就是另外一回事了。

迷信成功经验，会让一个人陷入经验主义，不只把成功经验当参考，而是照搬成功者的想法、行为甚至某些条条框框。在一些人看来，照搬了某条成功经验，就一定能产生相应的结果；若是不照搬，恐怕只能得到糟糕的结果。

殊不知，所谓成功经验不过是过去的一个结果，并不代表现在和未来。看上去与之前一样的事情，在不同的时间、地点，面对的对象不同，做事人的性格、习惯、思维不同，都会产生迥然不同的结果。换句话说，经验就是经验，虽然它是成功者总结的，经过验证是正确的，然而，它并不是针对所有人的，也不是绝对正确的真理。它适用于那人、那时、那地，却不一定适用于你、此时、此地，只能作为参考与建议，很难成为行为准则。

但凡经验，都有一定的时效性和适用范围。任何成功经验都不能迷信，更不能照搬，否则就会陷入定势效应之中。世界千变万化，迷信于所谓的成功经验，很可能让自己的能力越来越差，甚至还会遭遇失败。

不信看看这样的事例：一个年轻人中学毕业了，最想干的一件事就是趁着这次假期去旅行，放松心情，见识外面的世界。他打算乘火车去旅行，也做好了旅行攻略，准备好了随身物品。临行前，父亲因为不放心，找他促膝长谈，告诉他了一些注意事项，也传授给他一些旅行方面的经验。

父亲告诉他："你上火车后，第一件事就是在位置上坐下来，不要东张西望，不要与人交谈，因为火车上有很多骗子，专门骗一些没见过世面的年轻人。"

"那我应该如何分辨呢？"年轻人问父亲。父亲随口回答说："你已经长大了，应该会分辨的。"接着，父亲说："到了旅游景点，你不要请导游或解说，那些人什么都不懂，只会骗外地的游客。住旅店的时候，遇到有人与你搭讪，找你帮忙，千万要小心。你会觉得这是个不错的人，但其实他不是小偷就是骗子……你要把钱财放在包里，把包压在枕头底下……"

在父亲的指导下，年轻人开始旅行，他完全按照父亲给的经验去做，对遇到的人怀有戒心。的确，他遇到了一个年轻人，但他绝对不是骗子，只是和他一样来旅行散心的年轻人。他也没遇到宰客的导游、解说，一些景点的解说人都是志愿者，会免费为游客介绍那里的景点、人文历史。他按照父亲的吩咐，把钱放在包里然后压在枕头下，结果差点睡落枕。

这时候，年轻人开始怀疑父亲的经验，并决定不再理会那一套。第二天，他主动与年龄相仿的年轻人搭讪，两人聊得很投机。在火车上，他积极参与别人的话题，不再紧张兮兮地戒备；在景点跟随解说的志愿者参观，了解了不一样的东西。就这样，年轻人有了一个非常好的旅行经历，不仅玩得愉快，还认识了不少新朋友。

年轻人只是中学毕业，初涉社会，没有一个人旅行过，的确需要一些成功经验，需要父亲的指导。但经验毕竟是经验，不是真理，也不是准则。而且，父亲的经验或许只适合他自己并不适合现在的年轻人，是过去的，无法适应现在的社会，无法跟上年轻人的思维与个性，自然变成了束缚。

所有的成功经验和办法，对于我们所有人都是有价值的，但是千万不能迷信和照搬。我们需要分析与观察，得出自己的结论，然后大胆地去尝试，摸索着找到适合自己的做事方式。这确实会有些危险，可能遭遇失败。但是与迷信成功经验相比，摸索出自己的方法更有意义。

赵括与韩信都是没有作战经验的将领，为什么赵括失败了，而韩信成功了呢？是因为赵括虽然熟读兵书，但只迷信于兵书里的兵法，把里面的成功经验、战术当信条，再加上没有实战经验、纸上谈兵，所以惨遭失败。韩信则不一样，他虽然也熟读兵书，但是不照搬、不迷信，摸索出了自己的作战方法，且敢于大胆尝试，所以才战无不胜。

由此可见，在这个高速发展、瞬息万变的社会，只拘泥于过去成功的经验，不知变通和尝试，往往会犯下许多过错，最终被经验所累。所以，我们要随时调整自己的思维，参考和利用成功经验，但是不能让自己被经验左右和束缚，如此才能走向成功。

失败者复制别人的成功，
成功者总结自己的失败

有人常说："世界上这么多成功的人，他们的成功之路各种各样，成功经验都是经过验证的，我随便复制一条道路，不也能轻松成功吗？"事情是这样吗？当然不是。事实上，很多企图复制别人成功的人，结果都成为了失败者。

著名魔术师和催眠师德伦·布朗曾经展示过一个心理骗局：首先，他获得一张数量庞大的联系人列表，然后给上面的每个人发电子邮件，告诉他们自己有能力预测到赛马的结果，并可以向他们证明这一点。

他把列表上的人分为五组，然后假设每场比赛有五匹马参加，每组都能"预测"到一个赢家，那么，另外四组都会预测错误。如此一来，"预测"正确的那组人就会相信他能够预测出一次正确结果。重复这个过程，只要有足够的时间与名单，四五轮之后，他就会获得相信自己预测能力的忠诚信徒。

这个实验告诉我们，人们存在心理偏见，导致人们会跟着自己的感觉走，做出不理智的错误决定，甚至接受一些不正确的理念或思想。

从众心理和疯狂追捧成功学就是这种心理的表现，这种心理在心理学上被称为"幸存者偏差"。这是一种认知偏差，表现为人们过分关注目前人或物"幸存了某些经历"，却往往忽视没有看到的或无法幸存的这些事件的人或物。所以，人们通常只看到那些成功者，只愿意关注成功的经历，却看不到那些失败者，以及不愿意关注那些失败的经历。

因为对于成功和失败存在认知偏差，所以人们追捧成功的典范，模仿成功者的做法，企图复制那些人的成功。另外，人们害怕遇到可能存在的困难和失败，把失败当成一种耻辱，无论付出多么大的代价也要竭力避免。

然而，一个人可以借鉴别人的成功经验，却无法复制别人的成功。成功是特殊环境下的产物，每个人的成功都有其独特性，一味地复制别人，只会让自己陷入困境。所以，与其复制别人的成功，不如大胆地走自己的路，即便失败了也不要紧，只要肯总结失败经验，成功自然就会降临。

松下电器的总经理山下俊彦在谈到失败时，曾经说："要使每个人在松下工作感到有意义，就必须让每个人都有艰难感。如果仅仅工作不出差错，平平安安无所事事，那就毫无意义。艰难的工作容易失败，但让人感到充实。我认为即使工作失败了，也不算白交学费，因为失败可以激发人们再去奋斗。"

一般人不大知道，山下俊彦曾经离开过松下一段时间，到一个小灯泡厂工作。当时，他是跟随自己的顶头上司去单干的，一方面是因为想做一番事业，另一个方面是出于对顶头上司的信任。

他坦率地说：“我当时是糊里糊涂进入松下公司的，所以没有太多考虑就辞掉了松下的工作。”但是，顶头上司的公司没干两三年就垮了，只能重新回到松下，而松下俊彦却没有回去。

他说：“我是个怯弱的老实人，是极平常的职员。”对于懦弱的他来说，再次离开一个地方需要很大的勇气，而他没有这样的勇气。他认为现在的生活是充实的，所以要一辈子都处于那样的状态。于是，他找了另外一个灯泡厂，开始踏实工作，一干就是4年。

后来，原来的顶头上司找到山下俊彦，希望他回到松下与菲利浦的联合企业，当时这个公司正在开发电子设备，急需中层管理人才。山下俊彦几次回绝，但是顶头上司依旧没有放弃，极力说服他再次回到松下。最后，山下俊彦答应了他。

从此之后，山下俊彦变了，不再是一个老实脆弱的人，而是变成一个不屈不挠的人，因为他经受住了失败、挫折的磨炼，一路摸索，一路波折，让自己变得越来越坚强与有能力。松下俊彦当过电子管理部长、零件厂厂长，学习到了经营管理经验，后又出任西部电气常务。4年后，他担任冷冻机事业部长。中间吃了很多苦，几次陷入困境，但是他始终硬着头皮埋头苦干，认为这些失败与困苦不是苦难，而是对自己的锻炼。通过总结失败经验，他获得了更多的宝贵经验，更重要的是，战胜了自己，做了很多超越自己能力的工作，所以才有了之后的成功。后来，他回忆说：“西部电器、冷冻机事业部时代的经验，对我来讲实在珍贵。我不担心失败，这不算白交学费。”

所以，失败者总是复制别人的成功，而成功者更愿意总结自己的失败，更不怕遭遇失败。马云说过：“一个人成功的原因可能有千万条，但所犯的错误却只有那么几个，想要成功，与其去学习别人成功的经验，倒不如去学习别人为何犯错。"在这个世界上，通向成功的路有很多，但没有人知道究竟哪一条才是正确的。成功不是完全依赖复制来实现的，而且就算你复制了别人的模式，能复制别人的思想、性格、精神吗？

对于一个人来说，别人的成功经验是次要的，自己的失败经验才是最重要的。失败的经历，可以给人不一样的感受，让自己得到磨炼。同时，总结了自己的失败经验，了解为何失败，如何避免失败，就可以知道缘何成功，怎样获得成功。只有不断地摸索、尝试，才能逐渐找到适合自己的道路。在这个过程中，挫折不可避免，失败也不可避免，但是只要不惧怕和躲避失败，肯不断攀爬，并从失败中总结经验，就会踏着失败的脚印，一步步走向最后的成功。

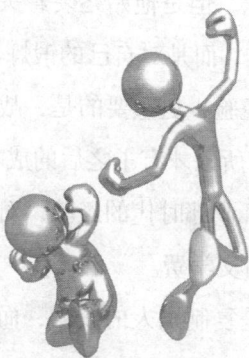

失败的伤疤是一种荣耀

　　什么是伤疤？简单来说，就是伤口愈合之后留在皮肤表面的结缔组织。有人说伤疤是丑陋的，凹凸不平，颜色发黑，于是便嫌弃它、憎恶它。但是，伤疤何尝不是一种荣耀呢？

　　奔跑的过程中，一次次摔倒在地，一滴滴鲜血渗出，一道道伤疤生成，又一次次站起来，继续奔跑。这伤疤不就是努力、拼搏的证明，荣耀的象征吗？在战斗的过程中，一路浴血拼杀，全身都布满伤痕，虽然这伤痕总是死咬着神经，但这不也是美丽的存在吗？

　　身上的伤疤，是一个人拼搏、努力的象征。失败的经历则是一个人人生中的伤疤，它不代表一个人能力不足、天资愚钝，而是一种强大的象征，是这个人生命中的荣耀。人生在世，避免不了失败，但这并不意味着我们一事无成。当我们经历一次次失败，被失败咬得遍体鳞伤，寻找机会一举将失败之狼打倒在地后，这些失败就成了我们的荣耀。

　　他是一个高考落榜的男孩，因为数学成绩不好，以几分之差与象牙塔失之交臂。这让他备受打击，因为他早就想好要报的大学与专业，希望能成就自己的梦想——成为一名 IT 新闻记者。现在梦想泡汤了，他很是颓废，郁闷至极。

别人有复读的机会，但是他没有。因为他家境不好，父母是地地道道的农民，没有多余的钱财供他继续复读。无奈，他只能一边打工一边复习功课，这其中的苦与累是很难想象的。备考本来就辛苦，需要付出大量的时间和精力来学习，再加上每天都需要干一些活，所以他真的付出了太多的汗水。一年后，他终于把数学成绩提高了，顺利地考上心仪的大学和专业。

大学期间，他始终勤奋学习，谁知即将毕业时因为一个意外错过了一门专业课程的考试，导致这门学科成绩为零。他只有两种选择：一是重修这门课，等下一年度再拿学位；二是不重修，出学校、找工作，但也意味着拿不到学位，无法完成梦想。他非常沮丧，难道付出这么多努力，又要与自己的梦想擦肩而过吗？一位教授看出他的消极心态，语重心长地说："虽然你将来很可能不用这门课的知识就能获得成功，但是你对待它的态度却会影响到你的成功。我想告诉你的是，记住眼下这个教训，从哪里跌倒就从哪里爬起，以后你会发现这是你最大的收获。"

沉思许久，他选择重修这门课。面对渺茫未知的将来和异常艰难的专业知识，他不惧怕苦，也不惧怕累。有人问他，如果失败了怎么办？他笑着说："失败并不可怕。虽然它给人打击，令人痛苦，但是在人生的道路上，它也是我的荣耀。它证明了我的拼搏与努力，证明了我的痛苦与辛酸，也注定会照亮我前进的道路。"

一年后，他以优异的成绩完成学业，之后进入一家报社。再后来，通过一番努力与拼搏，经历一次次挫折与失败，他终于实现了自己的梦想，成为一名出色的 IT 新闻记者。

可以说，年轻人成功的根本原因就在于他能坦然面对失败，不是把失败当耻辱，也不因为失败一味地怨天尤人，甚至一蹶不振。对于他来说，失败是人生道路上的伤疤，而这些伤疤都是自己的荣耀。因为这些荣耀，他才能在残酷的现实面前越来越坚强，越来越出色，然后成就自己的梦想。

我们知道，在动物世界，老虎身上有一道道伤疤，是它不断厮杀、不断拼搏造成的。羊却没有一道伤疤，是因为它总是被圈养，没有经历过拼搏，也没有经历过厮杀。现实生活也一样，有很多像老虎这样的人，也有很多像羊一样的人。或许很多人羡慕羊，想要过羊那样的生活，但是不妨想象一下，羊若是遇到凶猛的狼，或是遇到凶险的困境，能像老虎一样一边流血一边厮杀，然后一举击败强敌与困境吗？所以，伤疤越大，意味着我们受的伤越重，遭遇的状况越危急。当我们重新站起来战胜疼痛与失败时，这伤疤就是荣耀，是值得我们喝彩的骄傲！

看看那些成功的人吧，哪一个不是满身伤疤，哪一个不是经历了痛苦和失败？可是他们把失败的伤疤当荣耀，用自己的拼搏和付出去应对，所以迎来了成功与美好。

从绝境中汲取力量

　　很多人失败了，于是陷入绝望之中，放弃了希望与努力。这样的人更容易滥用"绝望"，把失败与绝望等同。考试失利，绝望；事业受挫，绝望；创业失败，绝望；身患疾病，也绝望……于是，他们把生活中的所有不如意归结于绝境，没有经过反思，没有总结经验，更没有试图改变，便得出结论：我努力了，但还是陷入了绝境；我绝望了，生活再也没有希望。

　　他们不知道的是：人生没有真正的绝境，只要你不绝望，就可以从失败的绝境中汲取力量，然后绝地重生。《红楼梦》是中国古典小说的巅峰之作，作者曹雪芹就体验过从云巅跌落尘埃的绝境。曹雪芹出身贵胄之家，幼年生活富裕无忧，祖母是康熙帝的乳母，祖父曹寅是康熙皇帝的伴读，获得的赏赐丰厚无比。可这个世界充满变数，康熙去世之后，曹家失去恩宠与依靠，很快就遭遇抄家之祸。顿时，曹家犹如一座大厦般瞬间崩塌，亲戚四散，朋友离分，曹雪芹身无长技，只能靠出卖字画潦倒度日。

从天堂直接坠入地狱，曹雪芹可以说是陷入绝境，再也没有翻身的可能。曹雪芹感受到了世态炎凉，历经了生活的艰苦，可正是如此，他领悟了很多东西。他开始挑起家庭重担，学会料理一些家务；与一些文坛前辈结识相交，受他们的影响，对文学、学问有了热爱，并立下著书立说、立德立言的远大志向；开始为了家族复兴而读书，不再如少年时那般放荡不羁、安于享乐。同时，曹雪芹开始安于困顿，远离官场，过起清贫如洗的日子。最后，他变得坚韧不拔，隐居西山十多年，终于完成这部不朽的巨作——《红楼梦》。

对于一个娇生惯养、过惯荣华日子的少爷来说，突然遭遇家庭变故，生活变得艰难、贫困无比，这无疑是陷入了绝境。但这绝境也让曹雪芹重生，因为他从中汲取了力量，向世人呈现出一个完全不同的自己，也成就了非同寻常的功绩。

可以说，很多时候，我们只是看似陷入绝境，失败给我们造成了很大的打击，如身体上的、心灵上的，进而让自己陷入一种绝望之中。在绝望中，我们感觉自己被摧毁了，自动屏蔽了所有的希望，拒绝了所有的努力。可是，这失败真的是毁灭性的吗？未来是不是一点点希望都没有了？当然不是！就连被大火焚烧过的土地都可以再长出嫩绿的小草，你怎么就肯定所谓的绝境没有一丝希望了呢？

不妨再看看这个故事！一个寒冷的冬天，狂风肆虐，很多渔民已经多日没下海打鱼了。一户贫困的渔民家庭已经断粮好几日了。为了养活妻儿，渔民只好冒着狂风和严寒下海，但是船还没走多远就被大浪打翻了。渔民受了伤，不能下床，这让原本贫困的家庭雪上加霜。坏事总是接踵而来，没几天债主找上门来，这个家庭一下子陷入绝境。

渔民和妻子苦苦哀求，债主才答应宽限几天。可这有什么意义呢？不能打鱼，赚不到钱，还是没有办法还钱。于是，渔民打算把渔船卖掉。可没了渔船，一家人的生活又何以为继？这时候，15岁的大儿子心中想：我已经长大了，不能让父母陷入绝境，得想一个办法。

于是，他一个人出了门，来到海边。他把衣服脱掉，背上两只鱼篓跳进海里。海边的渔民看到了纷纷喊道："天气这么冷，你光着身子下海，难道不要命了吗？""大人们出海都没打到鱼，你这样又怎么能打到鱼？"

孩子没有回头，而是向远处游去。他知道这是唯一的办法，但他不是盲目地冒险，而是知道海里有一种尖嘴鱼，畏惧寒冷，所以当寒潮来临时就会涌向热源。他用身体作为热源，以吸引大量的尖嘴鱼。果然，没过多久，大量的尖嘴鱼就聚拢到他的怀抱里。就这样，他很快就把两个鱼篓装满了。

后来，渔民的伤好了，也向孩子学习，利用合适的热源来捕这些尖嘴鱼。经过努力，他们还上了债主的钱，生活也变得好起来，一家人度过了绝境。

所以，我们始终要记住：就算再艰难的处境，也可以找到出路；就算再惨烈的失败，也有转为成功的可能。只要你不让自己陷入绝望，不一味地逃避与退缩，积极汲取力量，寻找解决问题的办法，就会走出绝境。

在失败中挖掘有利的种子

生活中遇到挫折或失败的时候，有些人总是习惯性地气急败坏，或是消极悲观，认为自己完了。这种做法往往会让事情变得越来越糟糕，让自己彻底失败。其实，每一次挫折和失败都带有同样大或更大的有利的种子，关键在于你能否发现它并将它挖掘出来。

一个男孩与大多数同龄人一样，酷爱运动，高中时期写的文章几乎都与运动有关。后来，他考入俄勒冈大学，而这所大学是美国田径运动的大本营。他的梦想是成为一名跑步职业选手。在大学里，他也是一个不错的跑手。遗憾的是，男孩的运动天赋不算太好，1千米跑，用尽全力也只能跑3分13秒。要知道，世界级运动员跑1千米的最长时间为2分半，所以，他没有希望成为职业运动员，也注定与奥运会无缘。

但是热爱跑步的他心有不甘，于是他认真分析自己跑得慢的原因。经过一番思考与调查，他发现自己之所以失败，很大一部分原因在于脚上的鞋子。

之后，他又找来那些和自己一样失败的同学，向他们说了自己的推测，了解到他们跑步和训练时的具体情况。最后，这些同学也一致认为：自己的鞋子存在问题，它十分容易让自己患上脚病，进而无法跑得快。一直以来，大部分运动员会患脚病，有的很难再提高成绩，有的无法跑出理想的成绩，但从没有人对鞋子提出质疑。

男孩决定研发一种底轻、支撑力强、摩擦力小且稳定性好的鞋子。这种鞋子可以减少运动员的脚部磨损，避免患上脚伤，进而跑出更好的成绩。虽然在跑步上他已经失败，但是仍希望所有的运动员都能充分发挥自己的天赋，不再被鞋子限制和伤害。

于是，他找到自己的教练，说出自己的想法。教练认为男孩的说法有道理，而且对于运动员来说是一个福音，于是参与到运动鞋的设计中来。之后，他们共同设计了几幅运动鞋的图样，请一位出色的鞋匠按照图纸制作出几双样品，然后免费送给几位运动员。经过观察，他们发现这些运动员穿上他们设计的鞋子后，速度的确比之前快了。

这让男孩信心大增，经过不断研究与改进，终于制作出了更适合运动的鞋子。这个男孩叫奈特，而他的鞋子就是耐克。一开始奈特失败了，但是他能思考与钻研，善于从失败中挖掘有利的种子。当这粒种子生根发芽、茁壮成长的时候，失败就变成了成功，也让他做出了不凡的事情。

在这个世界中，成与败是相依的。失败可能是成功的前奏，也可能蕴藏着另一种契机。换句话说，每一个成功都不是一种必然结果，它往往要经历多次失败的洗礼，或是从失败中萌芽与诞生的。所以，我们要善于在失败中寻找教训与经验，寻求有利的种子与契机。当然，想要挖掘出这粒种子，找到这个契机，我们需要勤反思、爱思考，摆脱固定思维。从失败中汲取养料，然后寻找新的出路与机会，找到解决问题的突破口，自然不会局限于眼前的失败。

之前有个年轻人开了一家小沙漏厂，一开始沙漏是用来测算时间的，后来成为孩子们的玩具。所以，年轻人的生意越来越不好做，因为孩子们已经对它失去了兴趣。年轻人失败了，工厂只能停业停产。但是他没有垂头丧气，也没有病急乱投医、盲目投资新项目，他决定挖掘新的机会，为沙漏找出新的用途。

经过几天的斟酌，一个新的想法浮现出来——做限时沙漏。利用它，人们可以有效地控制做事的时间，如打电话。同时，把沙漏做得精美一些，还可以当作装饰品。因为这个小东西别出心裁，又能让一些人有效地控制时间，所以一上市就很受欢迎，每一个月都能卖出几万只。就这样，年轻人让自己的小工厂变成了生机勃勃的大企业，自己也从一个失败的小作坊主摇身一变成为事业有成的富翁。

以上两个年轻人都成功了，赚了大钱，他们看起来很幸运，也不费力，但是这成功不是偶然的，也不是必然的。如果不是他们在失败中冷静如初，思考与寻求突破，找到新的契机，结果就不会是这样。

所以，我们需要明白，失败是坏事也是好事。倘若每次失败之后我们都能够有所领悟，坚信失败中蕴藏着成功的契机，然后努力挖掘有利的种子，就可以迎来新的成功。相反，若是我们眼里只有成功，一旦失败就气急败坏、放弃寻找新的契机，那么就始终无法摆脱失败。

心有前车之鉴，方能不蹈覆辙

相传，在一片密林之中，隐藏着一座"仙人居"，里面住着一位仙人。一个渴望得道成仙的年轻人从很远的地方来，想要找到这个"仙人居"，拜里面的仙人为师。进入深山之后，年轻人走了很远，之后来到一个三岔路口。这时候，他犯了难，不知道哪条路才是正确的。

迷茫之际，年轻人看到不远处有一个正在小憩的老和尚，于是便走上前去，轻声唤醒了老和尚，询问他哪条是通往"仙人居"的路。老和尚睡眼惺忪地指了指左边，说道"那一条"，然后又继续睡觉了。年轻人按照老和尚的指引，朝着左边的那条路走去。可走着走着，他发现这条路并不通，只好原路返回。

回到三岔路口，见老和尚还在睡觉，年轻人便又上前问路，询问他正确的道路。老和尚伸了个懒腰，说"左边那一条"，于是又开始睡觉。年轻人有些疑惑，心想：那条路明明不通，为什么老和尚还是说左边那一条呢？但转念一想，老和尚可能是从下山的方向来说的，左边那一条不就是自己右边那一条路吗？于是，他朝着右边那条路走去。可走着走着，这条路也被挡住了，他只好又返回到原点。

回到三岔路口，见老和尚睡得安稳，年轻人心中怒火中烧。他用力推了推老和尚，等到老和尚醒了之后，年轻人生气地问道："你为什么要骗我？！你总给我指左边的路，我全信了。结果左边的路不通，右边的路也不通，这是为什么？"老和尚笑眯眯地回答："既然左边和右边的路都不通，那么，你说哪条路是正确的呢？"

年轻人恍然大悟，这才明白原来中间的那条路才是正确的。于是，他高兴地朝着这条路走下去。等到达"仙人居"后，年轻人虔诚地跪下磕头，抬头之后却发现这仙人原来就是自己在三岔路口遇到的那位老和尚，此时他正笑眯眯地看着自己。

故事虽然简单，但蕴含着深刻的道理：前面错误或失败的经历，就是现在行事的指南。"前车之鉴，后事之师。"失败并不可怕，关键在于我们能否在失败中成长并学到一些东西。

对于任何人来说，失败都是成功的前奏，只要我们以平常心面对，总结经验，就不会重蹈覆辙。一位白手起家，在商场上摸爬滚打、获得成功的人曾说："当一切都变得很复杂而你又不知所措时，你就这样想吧。你得做三件事：首先，把奶牛从沟里拉出来；第二，找出奶牛掉进沟的原因；第三，尽一切努力不让奶牛再次掉进沟里。"

曾经错误的选择，不要再选择，更不要再把错误进行到底。因为第一次在一个地方跌倒可能是因为不小心，但在同样的地方跌倒两次，那就是愚蠢了；曾经失败的经历，不要轻易地将其抛诸脑后，不要不长记性，不吸取教训，否则会比别人付出更多的代价。

一个叫卡尔的青年，父母经营着一家杂货店，生意不算好，勉强维持全家人的日常开支。一天，卡尔对父母说："既然这家店经营了这么多年都没有成功，就应该换一个思路，改做其他生意。"卡尔家附近有几所大学，很多学生喜欢吃快餐，但是附近还没有一家比萨店，那么卖比萨是不是能赚钱呢？

于是，卡尔就把自己家的杂货店改成一家比萨饼屋，并且精心设计和装修了店面，还聘请了出色的比萨师傅。果然，不到一年时间，他的比萨饼店就红火起来，每天都有很多学生来光临，在附近非常有名气。后来，卡尔开始扩大投资，在附近又开了两家分店，生意也不错。

因为尝到了扩大经营规模的甜头，卡尔的胃口开始大起来，在其他有大学的地方开了两家店。但很快，坏消息接踵而至，新开的两家店生意并不好，出现了严重亏损的情况。开始，每家店每天准备500份比萨饼，结果连一半都卖不出去。后来准备200份，但还是剩下一些。最后，每天只准备50份……慢慢地，每个店每天只有几个人光临，别说房租和人工了，就连食材的费用都没有办法赚到。

在这种情况下，卡尔尝试找失败的原因：同样的比萨屋，附近都有大学，为什么会出现两种局面呢？很快，他发现了问题，关键在于两个地方学生的饮食喜好与习惯存在很大差异。因为之前成功了，所以他简单地复制了自己的"成功经验"，没有进行市场分析和调研，结果让自己吃了大亏。之后，他总结失败经验，开始做充分细致的市场调查，根据当地学生的口味与喜好来制作比萨，并设计出当地年轻人喜好的店面。很快，这两家店的生意就都红火起来了。

再后来，卡尔继续扩大生意规模，准备把比萨店开到另一个城市——纽约。他没有忘记之前的失败经历，在开店前认真调查纽约人对比萨饼硬度、口味的喜好。最后，他的比萨饼成为纽约人早餐的必备食物。

在一次次失败尝试且一步步改进之后，卡尔的比萨饼店越开越多，甚至遍布整个美国。当谈到自己的成功时，卡尔则说："每在一个城市开辟新市场，开始十之八九必然是失败的。之后取得成功，是因为我在失败后从不退缩，而是积极思考失败的原因，努力思索新的办法，以图破局。何时成功没有人能预料，所以在成功之前你必须先学会失败，在不断的失败中反观自己，从而找到通往成功的大门。"

是的，因为卡尔心中有前车之鉴，没有只看成功，而是侧重于寻找失败的原因，同时积极从失败中汲取经验和教训，努力思索破局的方法，所以才在失败后打开了成功的大门。当然，自己的失败，我们需要记住；别人的失败，我们也需要借鉴。

简而言之，遗忘错误与失败，就意味着关闭了成功的大门。心有前车之鉴，才能不重蹈覆辙。

一时的成功没有什么大不了的，我们必须用平常心来对待，超越曾经的自己。因为今天你取得了成功，不代表你明天依然成功。我们可以看看《福布斯》富豪榜，这上面的富豪名单无时无刻不在变化。今天还是福布斯富豪榜的前10名，可能明天就已经被别人远远抛在后面，连前30名都无法挤上去。所以，不管你之前有多么成功，一旦停止前进，企图躺在过去的成绩上睡懒觉，就只能不断地倒退。

第七章

关于失败的案例，那些失败者留给了我们什么启示

启示一：理想主义者的失败

　　浮在实践之上的成功学经常教导人们：梦想有多大，舞台就有多大，只要心怀理想、敢于拼搏，就一定能成功。这听起来非常振奋人心，但事实上，这种心态决定一切、理想高于一切的理念，最容易把人推进陷阱。这世界上从来都不缺理想主义者，甚至也不缺有能力、善筹划、敢行动的理想主义者，但是如果理想主义者认为单凭自己的智慧和热血就一定能成事，结果可能会与之相反。

王安石，历史上著名的文学家、政治家，也是北宋时期掌握过朝政大权的实权派人物，他不缺智慧、才干和舞台，但即便如此，这位理想主义者却最终在"变法"这件事情上摔了个大跟头。

王安石变法，在历史上留下了浓墨重彩的一笔。人们都知道这次变法最终以失败告终，可为什么会失败呢？很多人想不通，因为如果从构想来看，王安石变法的内容是非常理想甚至有些超前的。

在王安石之前，朝廷想要增加收入，一般是直接提高税赋。假如本来农民一亩地需要交一百斤粮食的税，直接增加到两百斤，这样一来，朝廷的税收就多了一倍。但是如此一来，会导致农民负担加重，民不聊生、社会动荡。如何才能既增加朝廷的税收，又不至于过度盘剥农民呢？王安石推出"农田水利法"，就是通过兴修农田水利、提高农业技术来增加农民的收成，如此一来，即便朝廷收的税赋高一点儿，农民也能有"余粮"，大家"双赢"。

为了减轻朝廷的财政负担，王安石推出"免役法"和"保马法"。所谓免役法，指的是有钱人可以通过给官府交钱来免除徭役，官府再从中拿出一部分钱来雇用其他劳工，如此一来，官府就能在不影响工程进度的前提下多了一笔财政收入。"保马法"则是取消原有的官方牧场，资助民间养马。官方牧场每年要消耗国家大量的资金，养马的效果还不好，把这件事情交给民间，那些民间的养马高手可以帮助官府以较低的投入养出更好的马匹。如果用今天的经济学理论去解释的话，这属于发挥了不同经济体的比较优势——让人们去做自己最擅长的事，从而提高效率，降低成本。

王安石还推出了"青苗法""市易法"。当时，宋朝的粮库有许多粮食，如果让这些粮食躺在那里一动不动，就无法创造出新的价值，而且粮食还会随着时间的推移大量损耗，这无疑是一种浪费。青苗法规定：百姓在遭遇天灾之后，可以向政府借粮，只要来年丰收之后连本带利一起还就可以了。如此一来，既可以帮助百姓渡过饥荒，又可以让粮库里的粮食产生价值，增加财政收入。市易法和青苗法比较像，只不过青苗法是把官府的粮食借给百姓，市易法则是规定可以把官府的钱财借给商人，或者收购商人卖不出的货物，等到货品涨价之后再卖出。这也是一种提高政府收入的办法。

如果从政策设计的角度来看，王安石变法中推出的这些新法都是非常理想的，即便今天，这些政策也是可以帮助政府提高财政收入的好办法。但王安石变法最终还是失败了，因为这位天才一般的人物，虽然有理想也有才华，但是对于当时的现实了解得太少。

他的农田水利法本来是一项非常好的政策，通过修建农业基础设施、提高农业生产技术，一定可以提高农业生产效率，增加人民和政府的收入，但是这项政策来到基层之后，基层的官员便找到了"生财之道"。他们借着修建水利设施的名头大肆敛财，结果水利工程没有修好，政府和百姓的钱却被官员装进了腰包。

再如青苗法，本来可以帮助百姓渡过难关，但是官员们为了收取百姓的利息，不管百姓是否需要粮食，都强行把钱粮摊派给他们，还要求他们按期归还。一条好好的政策，变成官员"抢劫"百姓的工具。所以，新法推出后，百姓的负担不仅没有减轻，反而变得更重了。但是王安石只知道国家财政增加了，对于基层发生的事情不甚了解。

王安石变法，除了存在"好心办坏事"的弊端之外，还极大地损害了既得利益者的利益，如保马法。那些官办养马场的官员本来可以通过养马获得大量的财政支持，他们把朝廷给的钱一部分用来养马，另一部分装进自己的腰包，再分出一部分孝敬上级，大家都从这件事情上赚得盆满钵满，形成了一条完整的利益链条。结果，王安石一纸号令，把大家的饭碗给砸了，这帮人能不恨他吗？

所以，最后的结果就是：地方上那些一心为百姓着想的好官反对王安石，那些一门心思贪污腐败的贪官也反对王安石。大才子王安石费了很大劲儿推进变法，本想着富国强民，结果却成了猪八戒照镜子——里外不是人。

王安石被大多数人反对，焉能不败？一开始，有人说王安石的坏话，神宗皇帝还护着他，把那人贬为地方官。但是架不住人人都来说王安石的坏话，神宗皇帝也动摇了。最终，神宗皇帝罢免了王安石。王安石变法从那时起，就已经注定失败。

王安石变法的出发点是好的，筹划是好的，也得到了皇帝的大力支持，怎么看都不应该失败，但偏偏以失败告终，原因只有一个——王安石作为一个理想主义者，只想到了解决问题的办法，却没有想到解决人的办法，实际上，人是一切实际问题的根源。问题是死的，人是活的，不同的人有不同的价值观、利益取向和行为方式。所谓的"现实"，其实就是复杂人际关系的总和。而大多数理想主义者都存在一个误区：他们以为只要做对的事情，就一定能取得对的结果，但实际上，做事想成功，不仅要事对，更要人对。怎么才能做到人对呢？就是要求你了解各相关方的利益诉求、内心想法，不管你是身居高位还是身在基层，都不能把人看作任由你摆布的棋子，更不能觉得"我找到了最理想的解决方案，大家就应该服从我的方案"，那是不现实的。

现实中，"理想主义者"这个词语是非常分裂的——人们都喜欢甚至尊重真正的理想主义者，但偏偏希望理想主义者最好是改造那些和自己无关的事物，不要出现在自己身边、改造到自己头上。当理想主义者"不巧"地出现在自己生活中时，人们又常常会成为理想主义者的反对者。这一方面是因为每个人都有局限性，尤其是涉及个人利益的时候，人的局限性就更为明显，大多数会选择屁股决定脑袋；另一方面则是因为理想主义无视人的诉求，他们最终会成为众矢之的，以失败收场。

我们并非蔑视理想，更不是不分是非。我们"揭露"理想主义者的失败，只是希望这世界上的理想主义者都能从人民中来，再到人民中去，从实践中来，再到实践中去。唯有如此，才能实现理想与抱负，不至于让本来崇高的理想变成难以落实的空想。

启示二：若成功不择手段，
失败则不可避免

我们有多渴望成功，就有多憎恨失败。正因为成功与失败的差别几乎如同天堂和地狱，所以很多人不择手段地去追求成功、避免失败。但正如西方名言所说："所有命运赠送的礼物，早已在暗中标好了价格。"当一个人以非常规的手段攫取成功，最后必将以非常规的方式导致失败，"天道循环，报应不爽"，在很多时候并非迷信，而是这个世界为了维持基本秩序暗中定下了规则。张海的故事，或许可以印证这一点。

张海是谁？认识他这个人之前，我们有必要先认识另一位成功的失败者——李经纬。

李经纬的名字如今可能已被大多数人遗忘，但是提起"健力宝"，相信80后、90后都不会陌生，那是许多人童年最甜蜜的记忆，李经纬就是健力宝饮料的创始人。

李经纬是广东三水人，他的健力宝公司也在三水，据说，在健力宝最辉煌的时候，贡献了三水市超过一半的税收。当时的市委书记说："三水人每发 100 元，就有 46 元来自健力宝。"当时，李经纬想要带着健力宝这个品牌走出小城市三水，去往大城市广州发展，他在广州建起了 39 层的健力宝大厦。

由于健力宝是李经纬和三水市政府共同持股，三水市政府还是大股东，所以当时三水市不希望李经纬把健力宝带出三水，但是李经纬执意出走，这让三水市政府很失望。当时，正是国外饮料品牌大举进入中国市场的时间点，在可口可乐等饮料品牌的冲击下，健力宝的销售额开始下滑，公司出现了财务危机。

在此背景之下，三水市政府决定把健力宝品牌卖掉。作为健力宝的创始人和管理者，李经纬自然不希望它落入他人之手，于是提出收购计划，以总价 4.5 亿元收回政府手中持有的 75% 股份，分三年付清。

就在李经纬要成为健力宝唯一的控制人之时，张海的出现让李经纬的打算落空了。

张海当时虽然很年轻，但据他自己说手上有大笔资金，完全可以把健力宝一口吃下。三水市见张海出价更高，付钱更积极，于是便决定把健力宝卖给张海。

张海对外宣称，他曾在香港经商，赚了一大笔钱，现在回到内地做投资。事实上，他早年间是一个靠宣传自己有特异功能欺骗群众的假大师，虽然有一点儿钱，可是远远不足以收购健力宝。他先是跟融资机构借了一亿元，把这一亿元交给三水市政府后，就等于拿下了健力宝的购买权，然后又拿着健力宝的购买权去融资，借到了 2 亿多元，这才彻底买断了健力宝。这完完全全是一笔空手套白狼的买卖。

成为健力宝的实际控制人之后，张海也不消停，他一边用健力宝的名义打广告、收购球队、筹备广州最豪华的酒楼，另一边大肆购买雪茄、名狗。这些钱是哪来的？都是以健力宝的名义借的，毕竟健力宝当时是个大品牌，很多融资机构都买账，所以借钱并不难。

在张海的一番经营下，健力宝债台高筑，此时，当年借给他钱让他收购健力宝的那些人发现事情不妙——再让他这么折腾下去，健力宝一定会失去偿还能力的，于是健力宝的股东把张海踢出了董事会。

但此时的健力宝已经"病入膏肓"，人们也发现了张海的底细。于是在 2005 年 3 月，张海因涉嫌职务侵占罪、挪用资金罪被刑拘。被捕的时候，张海正在和两位朋友在广州东山宾馆东山食府就餐，餐桌上摆满了鲍鱼、鱼翅、牛排……一顿饭就花了 4000 元。要知道，这可是 2005 年的 4000 元，那时候普通打工族一个月的工资也不到 4000 元，张海一顿饭就吃掉了。

最终，张海被判处有期徒刑 10 年。出狱之后，他知道自己在中国已无立锥之地，便流亡海外。

张海之所以失败，败在不择手段。这里所谓的"不择手段"，不是一个道德上的评价，而是一个风险评估。

生活中，几乎所有的不择手段都是伴随风险而来的。例如：一个小伙子为了追求女孩，假装自己是有钱人、富二代，这可以算作不择手段，他最后可能会获得暂时的成功——女孩子成为他的女朋友，但这也给他们的关系埋下风险——女孩识破的那一天，可能就是关系破裂的那一刻。

不择手段为什么会有风险？其实逻辑很简单。一个人只有在常规手段无法达成目的的时候，才会选择不择手段。要是他能够凭借自己的真正实力达成目的，走正途就够了，何必走歪路呢？因此，不择手段往往意味着你在追求一个现在还没有能力实现的目标，所以需要透支一些东西才能如愿。任何透支都意味着未来要加倍偿还，这便是风险的由来。

所以，我们说要追求成功，其实有一个潜台词，就是要通过不断提高自己去追求"配得上"的成功。如果我们总是好高骛远地去追求一些自己目前还够不着的目标，要么变得无比失落直至消沉，要么变成一个投机主义者，不择手段地去获取眼前的"胜利"，却给自己的人生埋下随时可能爆炸的地雷。

启示三：如果失败是定数， 能平稳落地就是最大的成功

人生路途中有一个很残酷的事实，那就是即便我们足够努力、足够明智、足够用心，也不见得事事都能成功。有时候，偶尔的失败是生命中的定数，逃不离、躲不开。人们常说"三分天注定，七分靠打拼"，但很多时候天注定的"三分"，却能够对最终结果产生百分之百的影响。如果认识不到这一点，就不能说你已经参透了失败与成功。

2009 年 1 月 15 日 15 时 26 分左右，全美航空公司一架空客A320 飞机从纽约拉瓜迪亚机场缓缓升空。

这是一次再普通不过的飞行，飞机各项参数正常，负责执飞的机长叫切斯利·萨伦伯格，曾在美国空军担任战斗机飞行员、飞行指挥员和飞行教练，且有 19 年的民航客机驾驶经验，是一位经验丰富的王牌飞行员。当时天气也不错，不存在雷雨、大风等影响飞行的气候因素。无论从哪个角度看，这都将是一次成功的飞行，但命运总是喜欢给人一些出其不意的"选项"。飞机升

空后不久，一大群鸟突然出现，与飞机不期而遇，很多飞鸟被卷入发动机。

飞鸟是航空飞行中最大的敌人，一旦飞机发动机被飞鸟撞击，就可能出现重大故障。很快，机长切斯利·萨伦伯格就发现自己驾驶的飞机发动机因为吸入飞鸟导致动力不足，不能再继续向上爬升。此时，飞机内部已经被焦糊味道充斥，飞机的下方是人口密集的居民区……

切斯利·萨伦伯格马上联系机场塔台，请求返回机场，机场方面也答应了他的请求，但是当切斯利·萨伦伯格准备掉头的时候，他发现飞机已经失去大幅度转向的能力。于是，他当机立断，决定飞往新泽西的泰特伯勒机场。但是当飞机飞了不远的路途之后，切斯利·萨伦伯格又惊讶地发现，飞机的飞行高度在持续下降，照此形势，飞机无法成功抵达新泽西。

万般无奈之下，切斯利·萨伦伯格做出了一个大胆的决定——迫降哈德逊河。

哈德逊河是一条贯穿纽约市的大型河流，水域宽广，河水较深，足以让飞机漂浮在河流之上。但是，河流毕竟不是跑道，飞机想要在河流上降落，是一件非常困难的事情。切斯利·萨伦伯格已经别无选择，他将飞机开往哈德逊河上空，找准角度，以滑翔方式缓缓下降，准备"殊死一搏"。

随着飞机高度的逐渐下降，机尾首先接触到水面，其后机腹位置也开始在水面滑行。此时，飞机的一个发动机已经完全损坏，居然掉落在河里。好在切斯利·萨伦伯格的飞机技术高超，在失去一个发动机的前提下，还是让飞机平稳地降落到了河面上。

飞机虽然迫降成功，但随时有沉没的危险，切斯利·萨伦伯格立刻组织机组成员疏散乘客。就在这千钧一发的危急时刻，他依然保持冷静，在所有人员都撤离之后，他两次巡视机舱，确认无人滞留后才最后一个撤退。

最终，飞机上的150多名乘客和机组人员全部生还。切斯利·萨伦伯格因自己的卓越表现，被人们称作"哈德逊奇迹"，被全球舆论广泛传颂，《时代》杂志还把他评选为"英雄与时代的象征"，奥巴马亲自给他打电话表示祝贺。

事后，技术专家们说："让飞机在河面上迫降绝非易事，只要飞机在降落时入水的角度稍微大一点点、速度稍微快一点点，飞机就会一头扎进河底。切斯利·萨伦伯格靠着自己完美的飞行技术，挽救了一次失败的飞行。"

回过头来看切斯利·萨伦伯格的这一次飞行，虽然飞机没问题，飞行员也没问题，但此次飞行还是因为飞鸟的侵袭而失败了。我们的人生也经常遭遇这样的"飞行困境"——起飞之前看起来万事俱备，绝没有失败的理由，但是起飞之后，却可能遭遇到飞鸟的入侵。这些飞鸟，代表的就是那些虽然微小却总能左右结果的低概率事件。你在做一件事情之前不可能因为有低概率风险的存在就提前放弃，但是这些风险确确实实存在。当低概率事件被触发之后，你只能接受失败的现实。但是这种没有"抵达目的地"的失败，只不过是小挫折，真正可怕的失败，是无法平稳降落。如果能在失败的绝境中平稳落地，就是败中取胜，同样是值得肯定的成功壮举。

所以，如果我们的人生中某些事情因为遭遇到某些不可控的因素导致失败，请不要太过沮丧和慌乱，不如先接受这样的失败。当然，接受失败不意味着躺倒躺平，任由事情朝最坏的方向发展，我们需要做的事情是——将失败的损失降到最低。

人生虽然不能保证每一次起飞都一定能到达目的地，但是却可以通过自己的努力保证每一次降落都能平稳、无恙。事实上，总是能够平稳降落的人，才是最大的成功者。一个飞行员，即便能一万次成功抵达目的地，但只要遭遇一次不稳定的降落，就会以失败告终。相反，如果能够每一次都平稳降落，总有再次起飞的机会，总能抵达终点。这便是人生的"哈德逊定律"——没有抵达终点不可怕，怕的是再也无法站在下一次的起点之上。失败不可怕，怕的是输光所有本钱，再没有翻身的机会。

在失败中保全实力的能力，就是人们经常说的止损能力，即成功的能力。这是一件很有意思也很有哲学意味的事情：用一般的概念去理解的话，"损"（损失）代表的是失败，善于止损则是成功者的表现，这就是说，成功者的核心能力，其实是应对失败的能力。这个逻辑或许就是名言"失败为成功之母"的证明步骤。

止损还打破一句被人们广泛知晓的名言"坚持就是胜利"的合理性，它揭示了一个道理——如果失败已经不可能避免，那么，越是坚持失败的路线，就会越加失败。在现实生活中，人们似乎非常厌恶止损，有些事情明明坚持下去已经不会有好的结果，但人们却还是要傻乎乎地"再坚持一下，然后再坚持一下"。为什么要坚持？多数情况是因为人们在失败的事情上投入了前期成本。缺乏止损能力的人，像极了赌徒——在赌桌上输的钱越多，越不愿意离开赌桌，因为他觉得自己输的那些钱是自己投入的成本，如果现在离开赌桌，就意味着赔本，只要继续赌下去，就有回本的可能。事实上，这类赌徒即便这次真的反败为胜把成本赢了回来，只要他还有赌徒心态，总有一天会输个一干二净。因此，赌徒心态绝不是成功心态，反而是典型的失败心态。

止损能力，就是赌徒心态的反面。由于人生中的任何事情都不是百分之百成功，所以我们做任何事情其实都有"赌"的成分。怎么才能"赌赢"呢？我们先要把"输"这件事情搞明白——我能输多少？我输了之后怎么才能离开赌桌？想明白这件事情之后，即便你输了，也不至于一败涂地，依然保有东山再起的机会。当你下一次坐上赌桌的时候，输赢两种概率依然同时存在。所以，止损的核心要义，其实就是要明确自己失败的底线。

1850年，美国西部传来一个消息：当地发现大片金矿。人们得知这个消息之后，纷纷向西部涌去，试图在那里淘到真金。在西进的人群中，有一个叫李维·施特劳斯的年轻人。

和其他人一样，李维·施特劳斯试图通过淘金改变自己的人生。为了实现这一目标，他变卖家产、离开家乡，义无反顾地从东部沿海来到西部荒蛮。可是来到目的地之后，李维·施特劳斯发现事情不太对——胸怀淘金梦的人实在太多，一眼望去，整个西部人山人海，淘金的人比金子还多。

事实上，大多数来到西部的人都意识到了：想要在这个人比金子多的地方淘到真金，一定不是一件容易的事情。但是大多数人觉得自己既然为了黄金来到这里，不淘到真金怎么对得起自己之前的冒险？于是，淘金的队伍不断扩大，淘金的难度也随之增加。

李维·施特劳斯和大多数人不一样，他觉得如果自己一味地盯着淘金这个目标，到最后可能会一无所获，于是他没有盲目跟风，没有投身淘金的热潮，而是在当地低调地开了一家小商店，勉强维持生计。

一次，李维·施特劳斯采购了一大批帆布帐篷，但是根本卖不出去。他很苦恼，一直想如何才能把这批帐篷处理掉。经过一番观察，李维·施特劳斯发现那些在金矿上工作的人很费裤子，一般的棉布裤子穿不了几天就坏掉了，他灵机一动：为什么不把帆布帐篷做成裤子呢？帆布比棉布耐磨得多，做出的裤子正好可以满足矿工们的需求。

李维·施特劳斯回到家把帆布帐篷全部改成裤子，结果他发明的这种裤子受到工人的热烈追捧，最后居然成为所有工人的必需品。靠着贩卖帆布裤子，李维·施特劳斯大赚了一笔。他趁热打铁，成立了李维斯品牌，他所生产的帆布裤子被人们称作李维斯牛仔裤。直到今天，李维斯依然是全世界最著名的牛仔裤品牌，李维·施特劳斯也因此成为传奇商业家。

李维·施特劳斯是从失败走向成功的典型。当"淘金梦"已经呈现失败的征兆时，他没有继续坚持自己最初的目标，而是选择及时止损，转向下一个战场。而且，有意思的事情是，他的成功不仅来自及时止损，也来自大多数人的"失败"。如果没有那些每天忙忙碌碌甚至衣不蔽体的"失败矿工"，他研发的牛仔裤也不可能有市场，自然不可能有李维斯品牌的诞生。这恰恰揭示了一个真理——大多数人因不知止损而失败，少数人因大多数人的失败而成功。

启示四：倒在最后一刻，就是最大的输家

2008 年，NBA 篮球明星科比率领湖人队打进了总决赛。他们总决赛的对手是凯尔特人队，当时，凯尔特人队内有"三巨头"，分别是加内特、雷阿伦和皮尔斯。科比率领湖人队与"三巨头"厮杀六场，最终以 2 比 4 不敌对方，让凯尔特人队拿走总冠军奖杯，湖人队只能区居第二。

失败的那天晚上，有人对科比说："你们虽然没能拿到总冠军，但也获得了第二名，这也算是一个成功的赛季了。"

谁知科比却说："第二名不代表成功，只能说明你是'头号输家'。"

其实，科比说得也没错，那些倒在成功大门口的人，或许比其他人更能体会失败的痛楚，如此说来第二名是头号输家也没有错。这如同高考，那些考 400 分的人，永远不会因为没能考上清华大学而痛苦，相反，那些距离清华录取分数线一分之差的人，才是最痛心疾首的人。

　　大多数人最怕的事情不是没有目标，而是目标明明触手可及，却始终失之毫厘。现实中，太多的人有过如此遭遇。如果我们只是偶尔跌倒在成功的大门口，那没有什么大不了的，大不了从头再来。但是如果我们屡屡在最后关头"掉链子"，或许是因为我们的心态出了问题。毕竟越是关键时刻，越能考验我们内心是否强大，如果不能在关键时刻依然保持清晰的头脑，我们将很难有所突破。

　　事实上，大多数人缺乏在最后时刻保持强大内心的能力，因此在成功的大门口拥挤了太多失意的人。正如马云所说：今天很残酷，明天更残酷，后天很美好，而往往很多人倒在了明天的晚上，看不到后天的太阳。

　　为什么人们总是在接近成功的最后一刻倒下？无非两个情况：第一个情况是在成功的最后时刻，很多人感觉这是一段最难熬的时间。往前一步是天堂，退后一步是地狱，这种巨大的落差会让人感到极大的压力。在压力面前，他们会心态失衡、发挥异常。第二种情况是，有些人看到成功就在眼前时会放松警惕。当一个人紧张的神经骤然松弛下来，恰是最容易暴露弱点、最容易失败的时候。正是这两种截然不同的极端心态，导致人们往往跌倒在曙光来临的前夜，所以才会说：心态稳定是成功者的顶级修养。

　　想要在成败关头保持稳定的心态，需要我们忘记成败。无论是最后时刻感受到无比的压力，还是最后时刻容易放松警惕，其实都有一个相同的心理出发点：在成败还未揭晓之前，我们已经在幻想它的模样。感受到压力的人，是因为幻想到了失败的恐怖，因而惊慌失措；放松警惕的人，是因为幻想到了成功的荣耀，因而忘乎所以。这都是导致我们功亏一篑的负面幻想。越是到最后，我们越要专注"实干"，而不是"空想"。当我们能够稳扎稳打去做眼前的工作时，就不会被不切实际的幻想扰乱心神。

禅宗有句话叫"尽却今时"，意思是说，你只管眼前的事儿，不要想后果，不要想未来。曾国藩说，既往不恋，当下不杂，未来不迎，其实也是在提醒人们，不要被过去的投入和未来的成败乱了心智，努力做好眼前事最为重要。尤其是"未来不迎"的"迎"字非常关键。以前我们总是说迎接未来，事实上，并不是未来朝人走来，需要你迎接它，而是你朝着未来走去，终将和未来融为一体。所以，你无须迎接未来，未来总会到来，而你的未来是什么样子，取决于你现在做什么，迎不迎接不重要，最重要的是你现在做什么。

启示五：告别固执，提高认知

一位企业家本来从事的是工程行业，但是由于最近几年行业不景气，他决定带领公司转型。

当时文旅行业比较火，于是这位企业家决定做文旅行业。他考察了许多规模较大的文旅项目，觉得自己已经掌握了做好文旅的诀窍。此时，公司的策划总监递交了一份策划书，这位企业家看过之后，觉得和自己"想象中"的策划方向完全不一致，于是便把策划总监数落了一顿。策划总监当然很不服气，说："您觉得我哪个地方做得不好？"

这位企业家说："人家其他成功的文旅小镇，都是大规模投入，你的策划书却说要从小项目做起，通过一个又一个小项目来盈利，那得等到什么时候？"

策划总监说："那些大型的文旅小镇现在已经趋于饱和，如果我们这个时候再去做的话，竞争压力会很大，但是小的文旅项目才刚刚起步，结合当下国家出台的乡村振兴计划，是很有前景的。"

　　这位企业家根本听不进去，执意投资大型的文旅小镇，结果投资和收益果然不成正比，连续亏损两年多。策划总监再次找到这位企业家，说："我觉得咱们当初的方向错了，现在调头还来得及。"这位企业家根本没有从实际出发考虑策划总监所说的话是否有道理，而是满心觉得策划总监之所以这么说，是在否定自己当年的决策，强调他的"高瞻远瞩"。企业家很不高兴，说："你看看现在文旅行业谁能赚钱，这是因为大环境不好，当初就算用了你的方案，现在照样还是赔钱，可能赔得还更多。另外，我决定先把文旅项目放一放，最近花园康养的项目比较火爆，我们要转型做花园康养项目，你赶紧拿个方案出来。"

　　策划总监虽然无奈，但也只好照办。他经过一番考察，认为花园康养项目如果公司单独投资的话，投资太大，风险太高，如果找几家公司进行合作，投资会少一些，风险会低一些。

　　当策划总监把自己的想法告诉这位企业家之后，这位企业家说："我考察了很多这类项目，根本没有那么大的风险，我看你是来到新行业一点儿经验也没有，瞎出主意。"最终，他还是固执地按照自己的方法去做新项目，可是很快就陷入了经营困境。此时，这位企业家发现有许多做花园康养项目的同行的确是按照策划总监所说的思路去做的。于是，他把策划总监叫来，对他说："你这个人啊，怎么就不能坚持自己的看法呢？我让你当策划总监，是希望你能够带领公司走在正确的道路上，结果你明明有正确的思路，却不能坚持到底，要你这个策划总监还有什么用？"

　　策划总监简直要气爆了，他当场提出辞职。

　　后来，这位企业家又试水了几个新型项目，却总是失败，自己辛辛苦苦通过老木行积累的财富，也在一次次失败中逐渐缩水。

这位企业家之所以失败，是因为他少了一些执着，多了一些固执。说他不够执着，是因为他总是试图追寻热点，寻找所谓的"热门项目"，没有自己的方向，只会盲目地随波逐流；说他太过固执，是因为他在失败之后永远不去反思自己，永远把过错强加到别人头上。

很多人觉得，执着和固执是一回事儿，最起码认为执着的人往往很固执。但实际上并非如此，所谓执着，是看准了一个方向便努力向前，在此过程中即便遭遇到暂时的失败和其他方面的诱惑，也能够不为所动。执着的人虽然目的明确，但是为了实现目的，他们会根据别人的提醒或事情的走向调整自己的行为。固执的人则不同，他们听不进反对的意见，在他们的认知里，如果别人反对自己，对方就是别有用心，他不会想"这些反对的意见有没有道理"，而是总在想："这家伙为什么要反对我？他有什么目的？"所以，固执的人没有是非观念，却总是喜欢搬弄是非。这也是他们失败的根源。

固执的人为什么固执？其实是他们的认知能力不足导致的。美国心理学家乔治·凯利提出过一个概念——个人构念，意思是一个人的观念是由过往的见识、期望、评价、思维等因素综合形成的。如果一个人的认知能力很低，那么他遇到问题的时候，就会倾向于用自己已有的观念去认识问题。一个认知能力比较出色的人，则会通过各种渠道收集关于问题的信息，最终全面地认识问题。

一个人的认知能力之所以不足，很可能是因为他们在过去的人生中总能够以比较单一的手段赢得暂时的成功。久而久之，他们的潜意识会觉得自己已经掌握了成功的真谛，自己的意见便是通往成功的不二法门，因此丧失了包容性和开放性。在生活中，我们经常会见到这类人：他们或是出身优渥，从小到大都在父母的保驾护航之下前行，始终没有经历过风浪，能够赢得一些小小的成功；或是年轻时赶上了某种好的机遇，搭上了某个好的平台，获得了一些成功。他们不会认为自己的成功来自机遇或平台的助力，反而认为是因为自己掌握了成功的真谛，所有的成功都是自己能力的体现。这两种人最容易失去正确认识世界的能力，变得固执，甚至冥顽不灵。最终，他们的固执会害了自己。

相反，那些早年遭受过坎坷、经历过失败的人，就会清楚地意识到一个人生的真相——任何人都不能保证自己永远正确、永远成功，个人的智慧是有限的，想要获取更多的成功，就必须博采众长，用别人的智慧武装自己。

表现在生活中，认知能力更高的人，会显得更加谦逊，因为他明确知道自己身上存在着不足，也清楚地认识到大多数人有可取之处。所以，这类人虽然有不足，但是总能及时弥补，而且他们也善于利用他人的长处为自己服务。这不就是成功者的必备品质吗？

认知能力更高的人，还有一个最大的优点，就是和他们沟通起来比较愉快。道理也很简单，因为他们能够容得下各种意见，不会仅仅因为你说的话与他心中的想法有所不同就武断地否定你、攻击你，和这样的人交流起来自然会很愉快。相反，认知能力低、固执的人，在沟通交流的时候，往往会让你感到很吃力。因为如果你不能顺着他们的思路说话，他们就会表现出很强的攻击性，总是希望影响你的看法，把自己的思想强加到你身上，一般人自然不会觉得这样的沟通是愉快的。

总而言之，一个人想要提高自己，首先应该从告别固执、提高认知能力开始。随着认知能力的不断提升，谦逊、理性、善于沟通等成功者必备的品质也会随之出现，这是一种全方位的提升。

启示六：所托非人就是失败

　　一个人不可能自己做所有的事，我们需要战友或下属，需要融入一个团队，而很多时候，你的成功和失败并不只取决于你的能力和实力，也取决于你的"队友"的成色。如果不能拥有强大的团队和可靠的队友，那么你离失败又会有多远呢？

　　王安电脑公司，你或许没有听说过它，抑或是通过它的名字猜测它最多不过是一个小作坊，但实际上，这家由华裔创办的美国电脑公司，曾经是凌驾于IBM之上的电脑巨头。

　　王安电脑公司的创始人就是王安，他是华人，1951年移民到了美国。当时移民到美国的华人，大多数不是在餐馆洗盘子，就是在工地上修铁路。由于王安是电子专业的大学生，所以他想到当时比较大的电脑公司去工作。

　　王安给IBM投了一份简历，当面试官看到他的华人面孔时，便露出轻蔑的微笑，并刻薄地说："IBM是美国最好的科技公司，这里不适合你，你最好是去汽车修理厂看看能不能找到一份工作。"

王安被激怒了，他发誓有一天要让 IBM 也尝尝这种滋味。后来，王安努力学习，拿到了应用物理专业的博士学位，并且进入哈佛大学计算机实验室担任研究员。当时，这个实验室"老大"的名字叫霍华德·艾肯，此人是世界上第一台大型计算机的发明人，号称"电脑之父"。

有一个问题始终困扰着霍华德·艾肯——当时电脑的存储设备体积太大，需要一种小巧的存储设备。王安来到实验室后的 20 天，就发明了磁芯存储器，这是一种体积很小的存储设备，解决了困扰霍华德·艾肯很久的问题。

霍华德·艾肯意识到王安是个天才，便给了他很高的薪水和职位，希望他能留在实验室。但是王安依然决定要辞职，成立自己的公司，即王安电脑公司。他之所以要用自己的名字给公司命名，就是希望美国人知道，不仅有中国人懂电脑，还有中国人能够成为电脑公司的老板。王安说，他总是深深地为中国文化博大精深而骄傲……创办王安公司的动机之一，就是要展示中国人除了经营洗衣店和餐厅之外，也能做其他事业。

王安电脑公司最初的业务就是销售他发明的磁性存储器，当时这种存储设备在市场上没有同类产品，非常畅销。IBM 很快发现磁性存储设备是电脑发展史上的一次伟大革命，他们找到王安，试图收购他的专利。为了说服王安，IBM 开出一个诱人的价码——250 万美元，这在当时来讲，是一笔巨大的财富。

王安当时正愁没有资金来扩大自己的公司，便答应了 IBM 的请求。可是到了要签合同的时候，IBM 却改口了，他们只愿意支付 50 万美元。王安当然不同意，双方只好对簿公堂。本来这是一场王安必胜的官司，但是由于 IBM 财大气粗，耗得起时间和金钱，所以这场官司迟迟不能判决。官司没有结束，磁性存储设备的归属权有"争议"，王安电脑公司就不能在市场上销售。最终，王安挺不住了，他以50万美元的价格将这一专利出售给了IBM。

拿着50万美元，王安研发出了一款名为洛赛的台式电脑。这款电脑体积小、功能多，操作简单，很快就得到市场的认可。当时，华尔街大多数公司所用的电脑就是王安电脑公司的产品。1967年，王安电脑公司的销售额达到690万美元！

为了募集资金，王安电脑公司发行了股票，最初每股价格为12.5美元，一天之后就被炒到40.5美元。王安后来回忆说，1967年8月22日，公司的资产是1000万美元，而到了8月23日，已经变成7000万美元。这是一个晚上发生的事情。

后来，王安电脑公司又发明了当时最好用的办公软件。当时大多数人使用的还是打字机，打出来的字只能显示到纸上。当看到用键盘打出的字可以直接显示到屏幕上，还能零成本地编辑修改时，他们简直被震惊了。随着这种办公软件的出现，王安电脑公司全面打败了IBM，生产出当时美国乃至世界上最好用的电脑，甚至连美国白宫使用的电脑都是王安电脑公司的产品。

随着公司的发展，王安的个人财富也飞速扩张，他的身价一度超过20亿美元，在当时是世界前五名的大富豪，也是毫无争议的华人首富。

如果按照这样的趋势发展下去，王安电脑公司将成为世界上最伟大的电脑公司，根本没有微软、IBM的发展空间。但我们知道，这并非最终的剧情。如今，王安电脑公司已经消失，到底发生了什么？

其实很简单，随着年龄越来越大，王安的身体出现问题，他将公司交给了儿子王烈。

这一决策，只能用四个字来形容——所托非人。

王烈只见证过公司的辉煌，却从未有过父亲曾经体会的心酸。他执掌王安电脑公司之后，显得非常狂妄。比如，原来客户购买王安电脑公司的硬件产品只需支付 1000 美元就可以享受到软件服务，但是王烈认为这个价格太低了，直接将软件费提高到 5000 美元。他还规定，如果客户有问题需要王安电脑公司解决，不管什么问题，都要先支付 175 美元的咨询费。

一系列的脑残操作下来，王安电脑公司的客户急剧缩水。王安一看这样不行，赶紧找来一个职业经理人，试图挽回败局。但很可惜的是，王安自己虽然是个天才，但是看人的眼光太次，他找来的经理人根本不懂电脑科技。最终，在职业经理人的带领下，曾经几乎一统江湖的王安电脑公司走向衰败。

1990 年，王安病逝，三年之后，王安电脑公司破产。比尔·盖茨说，如果王安电脑公司能够活下来，微软将不会出现。

王安的故事生动地说明一个真理：很多时候，成功不仅取决于你个人的能力和努力，也取决于你身边人的能力。这世界上不存在能单枪匹马解决所有问题的人。如果一个人总是单枪匹马，只能证明一件事情——他从来没有成功过。

当你获得了成功，有了自己的团队、下属和合作伙伴，你就要小心了，他们是你成功的标志和基础，但也可能是让你从成功走向失败的因素。所以，仔细甄别身边的人，全面认识身边的人，也是避免失败的必要行动。现实中，很多有能力的人，总是自负地认为："只要有我就够了，别人跟着我走就行了。"于是，他

们在成功之后不会刻意地招揽和培养人才，倒是让平庸的亲戚朋友占据了身边最重要的位置。这种所谓"家族化"的企业，到最后没有一个能够"善终"的。

企业家如此，普通人想要成功也是如此。做任何事情，我们都要把工作和生活分开。生活中，我们喜欢和家人在一起，喜欢和好朋友混在一起，这没有任何问题。但是做事情的时候，我们要想的是"谁能帮我把事情做好"，而不是"这个事情交给哪个朋友"。因人误事的事情，在历史上、生活中，实在太多了。很多人又总喜欢把关系和事业联系到一起，这种思维已经不能适应当下的大环境，如果抱着不放，最终会给你带来麻烦。

如果你觉得成功就是一人得道鸡犬升天，那么你迟早会被不会飞的鸡犬把你从天上拉下来。事实上，每个人都有自己的去处，都有自己的乐趣，把鸡犬强行拉上天，对他们而言也未见得就是好事。如果你真的想飞，还想飞得更远、更久，需要的是能和你一起飞的人，而不是离你最近的人。